# SPACE
# 太空小历史

颜辉 编著

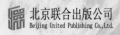
北京联合出版公司
Beijing United Publishing Co.,Ltd.

**图书在版编目 (CIP) 数据**

太空小历史 / 颜辉编著 . -- 北京 : 北京联合出版
公司 , 2019.11（2020.5 重印 ）

ISBN 978-7-5596-3707-9

Ⅰ . ①太⋯ Ⅱ . ①颜⋯ Ⅲ . ①外太空－少儿读物
Ⅳ . ① V11-49

中国版本图书馆 CIP 数据核字 (2019) 第 191379 号

# 太空小历史

**TAIKONG XIAO LISHI**

选题策划：日知图书（www.rzbook.com）
责任编辑：牛炜征
封面设计：段 瑶
文字编辑：霍丽娟
美术编辑：田新培

北京联合出版公司出版
（北京市西城区德外大街83号楼9层 100088）
北京启航东方印刷有限公司 新华书店经销
字数130千字 889×1194毫米 1 / 16 9印张
2019年11月第1版 2020年5月第2次印刷
ISBN 978-7-5596-3707-9
定价：40.00元

太阳是一颗巨大的气体球，月球表面有很多大大小小的陨石坑，土星有美丽的光环，彗星拖着长长的"尾巴"，银河系有一个神秘的黑洞……神秘浩瀚的太空中，有无数颗天体，它们各有各的不同，还发生着有趣的"故事"。比如，地球、月球、太阳运行到一条直线上时，会发生日食或月食，八大行星沿着各自的轨道围着太阳运转，星体之间会互相吞食。哇！太空真的是一个神秘莫测的世界。

当你仰望太空时，你会想到太空中竟然这么热闹吗？你是否经常冒出各种各样的疑问："太空是什么样子的？""月球到底是什么形状的？""太阳为什么会发光发热？""所有这一切究竟是从哪儿来的？""地球在太空中的什么位置？"其实不只是你，人类自古至今一直都在探索无尽的太空，从宇宙的诞生、太阳系的组成、恒星的诞生和死亡，我们从未停下探索太空的脚步。为了弄清楚太空中发生的事，我们发明了望远镜、火箭、宇宙飞船、卫星，借助先进的现代科技才渐渐对太空有所了解，然而这点了解也仅仅是太空奥秘的冰山之一角，还有很多很多未知的事物等待着我们去发现、去研究。也许，你就是将来探索太空的一员。

《太空小历史》帮广大小读者掀开太空神秘的面纱，用简单有趣的方式讲述宇宙的诞生、银河系、太阳系及其八大行星、恒星的世界，以及我们赖以生存的地球的相关知识，帮助小朋友们认识形形色色的天体，不仅可以满足小朋友们的种种好奇心，解答关于太空的种种问题，还可以激发小朋友们对于太空的探知兴趣，丰富他们的知识体系。

现在，从地球出发，开启一场难忘的太空之旅吧！太阳风暴、美丽的星云、无数的星系都在等待着我们去探索。

# C O N T

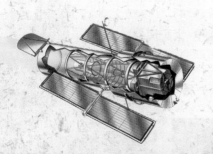

# 第一章
# 宇宙概况

## 宇宙的诞生

探索世界上未知事物的秘密，是人类与生俱来的本性。当人类第一次睁开眼睛，迷惘（wǎng）地打量宇宙的时候，宇宙就已经被列入了人类探索的名单之首。我们的老祖宗曾经流传下这样的故事：天地原本是一体，混沌一片，天地中心沉睡着一位叫作盘古的巨人，盘古一觉醒来，举起巨斧开天辟地，从此天地分离，形成了宇宙。故事虽然动听，但很明显毫无科学依据可言，宇宙的诞生远远没有这么简单。

### 宇宙的概念

宇宙到底是什么呢？概括地说，宇宙是一个拥有各种天体及其弥漫物质的广袤（mào）空间，是一个物质世界。古代的人们把无边无际的空间称为"宇"，把无始无终的时间称为"宙"；现代天文学家通过长期的观测和研究，证实了宇宙既没有空间的尽头，也没有时间的终结，它不停地运动和变化着，处于不断地发展之中。

### 宇宙的形成

宇宙最初的模样是一个"奇点"，它悬浮在一片没有时间的真空中。大爆炸之后，物质散开了，宇宙由此而诞生。

今日的宇宙

太阳系的形成

星系的形成

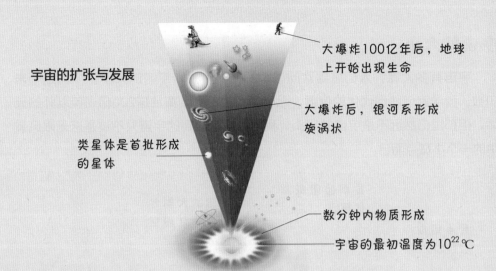

宇宙的扩张与发展

大爆炸100亿年后，地球上开始出现生命

大爆炸后，银河系形成旋涡状

类星体是首批形成的星体

数分钟内物质形成

宇宙的最初温度为$10^{22}$℃

# 创世大爆炸

　　大多数科学家认为，在138亿年前，宇宙的所有物质和能量聚集在一起并浓缩，温度和密度增大到了极点，之后便发生了我们所说的"创世大爆炸"。

　　在爆炸发生后的几分钟内，微小的原子结合成了氦和氢，经过几亿年的演化后，这些氦和氢又形成了其他一些元素，逐渐形成了星系、恒星、行星，乃至我们今天的整个宇宙。

大爆炸后，红色区域温度高达数百亿摄氏度

大爆炸示意图

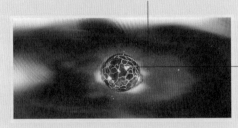

最初，宇宙所有物质和能量都聚集在一点上

粒子的形成
原子核的形成
创世大爆炸
原子的形成

## ·光年·

　　宇宙中的天体之间距离非常遥远，需要用速度最快的光来计算距离。光年就是计量天体距离的单位，是光在真空中一年所走过的距离。

　　1光年到底有多远？用飞行速度最快的飞机打比方，它要飞10万年才能飞1光年的距离。

## 宇宙的大小

宇宙有多大呢？人们总喜欢问这个问题，可是，宇宙的大小至今仍是个未知数。科学家借助现代化的仪器，已经可以观测到距离地球200亿光年以外的天体，但那里仍然远不是宇宙的尽头。我们目前观测到的宇宙只不过是这无限风景中的一个小斑点而已。

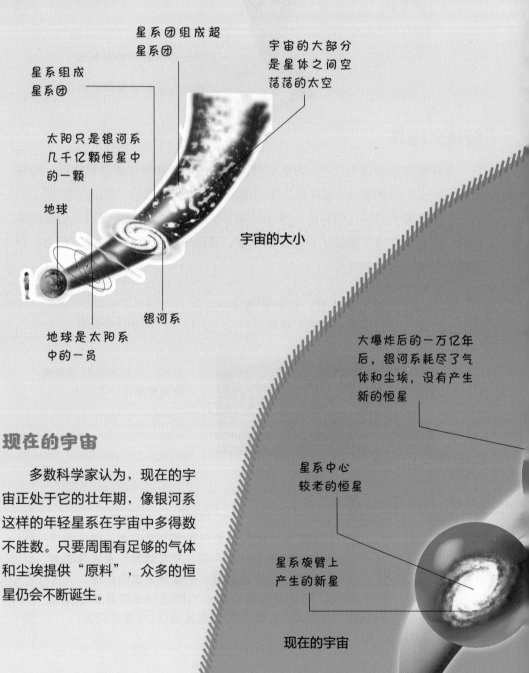

星系团组成超星系团

宇宙的大部分是星体之间空荡荡的太空

星系组成星系团

太阳只是银河系几千亿颗恒星中的一颗

地球

宇宙的大小

地球是太阳系中的一员

银河系

大爆炸后的一万亿年后，银河系耗尽了气体和尘埃，没有产生新的恒星

## 现在的宇宙

多数科学家认为，现在的宇宙正处于它的壮年期，像银河系这样的年轻星系在宇宙中多得数不胜数。只要周围有足够的气体和尘埃提供"原料"，众多的恒星仍会不断诞生。

星系中心较老的恒星

星系旋臂上产生的新星

现在的宇宙

## 未来会怎样

　　宇宙的未来会如何？科学家做了几种假设。一是宇宙会无限膨胀下去，即"开宇宙"；二是宇宙膨胀的速度会逐渐慢下来，并在某一时刻由膨胀转为收缩，称为"闭宇宙"；三是宇宙在不停地膨胀、收缩、诞生、毁灭，新生的宇宙与前次的将完全不同，称为"新宇宙"。

宇宙变得越来越大，星系正沿着各自的方向朝外飞离。

宇宙很可能继续加速膨胀

几万亿年以后，银河系变成恒星的坟墓，恒星遗体旋转进入黑洞

宇宙继续膨胀

白矮星和中子星坍缩，形成黑洞，最终消失

开宇宙

坍缩的黑洞

距大收缩还有10万年

星系中心有黑洞融合

闭宇宙

几万万亿年以后，宇宙慢慢终止膨胀

宇宙开始收缩，距大收缩还有300万年

宇宙的未来

最后整个宇宙消失在单个的巨大黑洞内，即大收缩

11

# 宇宙大家族

宇宙中的天体既有密集的星体状态，如恒星、行星；又有松散的星云状态；而有些区域则密集分布着星系团。它们共同组成了宇宙大家庭。

## 恒 星

恒星是宇宙中数量最多的天体，太阳就是一颗恒星。夜晚的星空中，我们看到的星星大多数都是恒星。它们实际上都是高温的气体球，能自己发光发热。恒星从诞生的那天起就聚集成群，交相辉映，组成星团、双星、星系等，宇宙可以说就是一个恒星的世界。恒星的体积和质量都比较大，我们的太阳在恒星世界中只能算中等规模，已知最大的恒星，体积是太阳的45亿倍；而最小的恒星，只相当于太阳的一小部分，几乎和木星差不多大小。

金牛座的昴（mǎo）星团也叫七姐妹星团，由3000多颗恒星组成。

## 星 团

许多恒星在漫长的演化过程中，互相靠近形成一个个的集团，它们年龄一致，早期内部成分也一样，天文学家把它们称作星团。星团内的恒星数目不等，少的有十多颗，多的则有几百万颗。

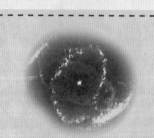

宇宙中有这样一类星系：它们的中心呈恒星状，周围有一个光度均匀、结构对称的环，看上去就像是美丽的行星状星云，但实际上却是一个星系。

## 星际物质

宇宙空间中除了各种天体之外，还存在许多气体、尘埃等物质，被称为星际物质。它们就像宇宙灰尘一样散布在宇宙里，平均密度比地球上实验室里制造出的真空还要稀薄。

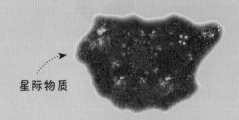

星际物质

## 星系

　　星系是由大量恒星围绕着一个共同中心构成的一种大型宇宙天体系统。星系包括数不清的恒星，还包括许多星团、星际物质和星云。它们就像是恒星聚居的"城市"，这些"城市"通常非常巨大，星光从星系一端传到另一端要用几千万年的时间。

## 星系的产生

　　大部分的星系是由于气体云的相互撞击形成的。如果气体云互相旋绕，那么产生出的星系就是旋涡星系；如果气体云不旋转，那么所有气体都会转变成恒星，继而形成一个没有气体的球状恒星集团——椭圆星系。

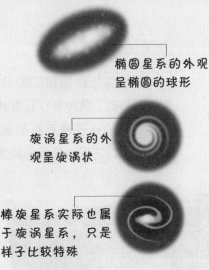

椭圆星系的外观呈椭圆的球形

旋涡星系的外观呈旋涡状

棒旋星系实际也属于旋涡星系，只是样子比较特殊

有一类星系既没有旋涡结构，也没有比较对称的结构，被称为不规则星系

星系的类型

## 星系的形态

　　由于内部恒星的分布、运动方式不同，星系的形状也各不相同。根据星系形状的不同，可以把星系分为四大类：椭圆星系、棒旋星系、旋涡星系和不规则星系。

椭圆星系

棒旋星系

不规则星系

旋涡星系

## 美丽的星云

星际物质在宇宙间的分布并不均匀，有的地方气体和尘埃比较密集，就形成了各种各样云雾状的天体，被人们形象地称为星云。

星云的样子通常都很美丽，形态各异，有弥漫星云、行星状星云等。同时，它们也是恒星诞生的地方。

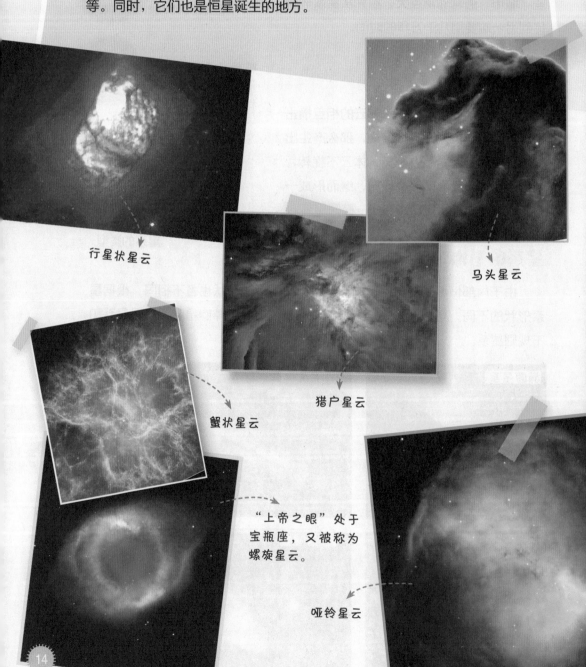

行星状星云

马头星云

猎户星云

蟹状星云

"上帝之眼"处于宝瓶座，又被称为螺旋星云。

哑铃星云

## 星系团

　　宇宙中十几个、几十个甚至上千个星系聚集在一起，就会形成庞大的星系集团，即星系团。每个星系都是星系团的成员之一，整个星系团在不断地运动着。现在已发现的星系团有上万个。

## 超星系团

　　若干个星系团聚集在一起构成的更高一级的天体系统，就是超星系团。超星系团是大得惊人的天体系统，它们的延伸范围常常达到1亿光年以上。

星系团

宇宙天体处于永恒的运动和发展之中，天体的运动形式也是多种多样的，有自转、各自的空间运动、绕系统中心的公转、参与整个天体系统的运动等。银河系也在自转。

### ·上帝之唇·

　　美国国家航空航天局（NASA）曾拍到一张老年恒星的图片，其形状酷似人类的嘴唇，看上去就像宇宙正在亲吻地球。这颗恒星被命名为船底座V385，距离地球16000光年，属于银河系。它在进入暮年后迅速燃烧，内部物质被释放出来形成了美丽的星云。

# 什么是太空

地球的外面包裹着一层看不见的"毯子"，这就是我们所说的大气层。大气层以外的宇宙空间，便是太空。

人类进入太空时，必须穿上特制的防护服，否则一旦进入太空便会快速死亡。一是因为太空没有空气，人类完全无法呼吸。二是因为太空没有大气压，人体内外的压力差会对人造成严重损害。此外，由于脱离了地球大气层的保护，强大的辐射也会给人类带来极大的伤害。

## 太空的边界

当我们从地球飞向太空时，大气层会逐渐变得稀薄。通常，我们认为太空起始于距离地球100千米的地方。在这个高度之上是外逸层，空气非常稀薄，受地球引力的约束也非常弱。

## 低 温

创世大爆炸后，随着宇宙的膨胀，太空温度不断降低，目前太空已成为高寒的环境，平均温度仅为零下270.3℃，这种极低的温度对载人航天器和航天员的生存影响较大。

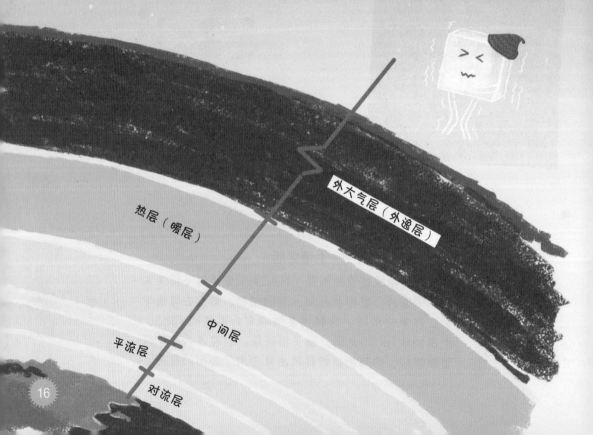

外大气层（外逸层）

热层（暖层）

中间层

平流层

对流层

## 太阳辐射

　　太阳辐射包括太阳粒子辐射和电磁辐射。太阳粒子辐射是太阳上发生耀斑时，发射出的高能带电粒子流。电磁辐射包括射电波、红外光、可见光、紫外线和X射线。

太阳辐射

## 真 空

　　没有任何空气或气体存在的空间即真空。在太空中，由于没有空气，匀速行进的物体会处于失重状态。我们知道，飞入太空的宇宙飞船中的人和物体都是飘浮着的，这就是失重状态造成的。而当宇宙飞船减速或加速时，失重状态便会消失。

在太空中任何物体都是飘浮着的。

## 流星及太空垃圾

　　太空环境中除了超低温、强辐射和高真空等特点外，还有高速运动的尘埃、微流星体和流星体。而伴随着人类探索太空步伐的加快，大量的废弃航天器和失效解体的航天器碎片在近地太空形成了太空垃圾，长年在环绕地球的轨道上飞行。

第一章　宇宙概况

# 我们的银河系

当我们在夏夜仰望天空时，会发现天空中有一条银白色的光带，这条光带就是我们常说的银河。我们看到的银河只是银河系的一部分，天文学上所说的银河系是指包括太阳系在内的庞大的恒星系统，大约包含1500～4000亿颗星体，其中恒星大约1000多亿颗。

## 银河系的结构

银河系是个巨型棒旋星系，直径大约有10万光年，因为有一条银白色的亮带而得名。银河系有3个主要组成部分：包含旋臂的银盘、中央突起的银心和晕轮部分，中心区域还存在一个巨大的黑洞。太阳系位于银河系的边缘，距中心约3.5万光年。

银河系核心

太阳系的位置

银河系俯视图

## 巨大的旋涡

正面看银河系，它就好像是急流中的一个旋涡，旋涡的中心就是银盘，它是由许多老年恒星、星际物质组成的，银河系的主要物质都密集在这个盘状结构里。银盘是银河系的主体，从正面看犹如急流中的旋涡。旋涡的四周是星际物质、星云、星体等组成的围绕中心旋转的螺旋形组合，这就是旋臂。银河系的旋臂有4条，科学家把它们称为人马座旋臂、猎户座旋臂、英仙座旋臂和三千秒差旋臂。太阳就位于猎户座旋臂的内侧。

## 银河的认识历程

早在17世纪，意大利科学家伽利略就已经通过望远镜发现了银河是由恒星组成的。18世纪后期，英国天文学家威廉·赫歇尔绘制出了银河系的结构图。后来，美国科学家哈洛·沙普利纠正了以往人们认为太阳系位于银河系中心的错误观点，并指出银河系的中心在人马座方向，为人们认识银河系奠定了科学的基础。

科学家认为，银河系的中心隐藏着一个巨大的黑洞。

银河系像个大轮盘！

银河的英文"Milky Way"意为"牛奶河"。

## 银河系的中心

从银河系的外围很难看清它的中心区域，因为银河系密布着濒死星体散下的岩砾和煤炱（tái）。科学家们用现今的天文望远镜能够看到烟雾背后的景象。它们显示，银河系中心聚集着一群诞生于70亿年前的古老天体。

## 银河系的自转

银河系一直处在自转状态中，但银河系并不是一个单独的、固定的天体，因此，它并不是一直以同样的速度自转，而是受到引力的影响会有所不同。恒星分布比较稀疏的边缘受到的引力比较小，缓慢地绕着中心运行；中间隆起的部分受到来自四周的引力，运行速度也比较慢；中心与边缘之间的天体，承受着来自中心的巨大引力，运行比较快，以大约250千米/秒的速度在太空中穿梭。

银河系中缓慢旋转的恒星

### ·惊人的事实·

银河系非常大，大得让你惊叹。从银河系的一端到另一端，如果乘每小时飞行1000千米的飞机，需要飞行1000亿年；跑得最快的光，穿过银河系也要10万年呢！

银心射电图片

## 侧看银河系

从大约100万光年的距离侧看银河系，会发现银河系像一个巨大的透镜——两端扁平，中间有个明亮的核心，叫作银心。银心周围是近似圆形的银晕，其中有银河系最古老的恒星。

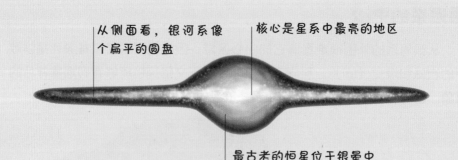

从侧面看，银河系像个扁平的圆盘　　核心是星系中最亮的地区

最古老的恒星位于银晕中

银河系旋臂侧面图

# 河外星系

如果把整个宇宙看成一片海洋，那么银河系就是海洋中一座小小的岛屿。在宇宙的汪洋大海中，还有无数个这样的岛屿，它们是像银河系一样的河外星系。河外星系和银河系一样，也是由数十亿到数千亿颗恒星和星云以及星际物质组成。

## 河外星系的分类

河外星系的形状不一样，被誉为"星系天文学先驱"的美国天文学家哈勃最早将星系分为三大类：椭圆星系、旋涡星系和不规则星系。这些河外星系不仅形状差别大，而且大小、亮度也不同。大的河外星系有几十甚至几百个银河系大；而小的却只有银河系的几千分之一。

## 漫长的探索

人类对河外星系的认识，经历了漫长的过程，直到20世纪初才得到了肯定的结论。现在人们已经把视线推到了100多亿光年远的地方，观测到的河外星系有10亿多个，每个星系里有数以千计的星星。麦哲伦云是离我们最近的一个星系，我们肉眼能观察到它。而其他的河外星系非常遥远，即使用大型的天文望远镜，也只能看到一个极模糊的星斑。

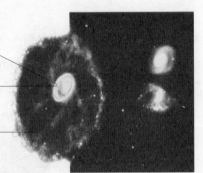

气体与尘埃从直接撞击的核心以波纹形式向外延伸

尘埃充塞了其中心地带

这里可以轻松地装下整个银河系

车轮星系

## 车轮星系

大约3亿年前，车轮星系还是一个普通的旋涡星系，后来和一个小星系发生了碰撞，巨大的气体云团在烟火般耀眼的光芒中撞击在一起，最后二者相互融合了。

## 离银河系最近的星系

离银河系最近的两个星系是大麦哲伦云和小麦哲伦云，两者间的距离大约为16万光年。大麦哲伦云也基本上包括了和银河系类似的气体尘埃和恒星，但是，它的质量却只有银河系的1/20，被银河系的引力撕裂伸展呈花生状。小麦哲伦云离银河系也比较近，大约是19万光年，它包括2000个恒星团，大多是在1亿年前的爆炸中产生的。因为它的体积非常小，所以也被银河系的引力撕裂而伸展呈花生状。

小麦哲伦云只有大麦哲伦云的1/4大小。

大麦哲伦云包括6500个恒星团。

## 仙女星系

仙女星系离地球非常遥远，它是唯一一个能用肉眼在北半球观察到的河外星系。仙女星系所发出的光需要254万光年才能到达地球。所以现在我们看到的仙女星系其实是它254万年前的样子。

中心明亮的部分是星系的核心，释放的红外线经历254万年才能到达地球

仙女星系

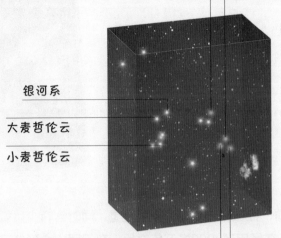

三角座旋涡星系（M33）　　仙女星系（M31）

银河系

大麦哲伦云

小麦哲伦云

本星系群的构成

M31的伴星系（M32）　　M31的伴星系（NGC205）

## 本星系群

　　本星系群是指以银河系为中心，半径约为300多万光年范围内所有星系组成的一个星系群。本星系群的质量相当于太阳的6500亿倍，它包括银河系、大小麦哲伦云、仙女星系及其他30多个星系。包含的星系有两个巨型旋涡星系、一个中型旋涡星系、一个矮星棒旋星系以及若干椭圆星系和不规则星系。

### ·类星体·

　　类星体是20世纪60年代著名的天文学四大发现之一。类星体是至今我们发现的距离最远又最明亮的天体。科学家称其为类星体，是因为它像恒星又不是恒星。到目前为止，已发现类星体数千个。这种天体非常漂亮，距离我们非常遥远，现在正以极快的速度远离地球而去。

## 活动星系

　　天文学家把活动星系又称作"激扰星系"。它们从中心的一个极小区域里向外喷射出巨大的能量。这些活动星系包括类星体、射电星系、赛弗特星系、星爆星系和蝎虎天体等。它们的总数约占正常星系的 1/100。它们通常都有极亮的核。

射电星系是活动星系的一种。

# 太阳系

太阳系是以太阳为中心，由大行星、小行星、卫星、彗星、流星和行星际物质构成的天体系统。太阳在太阳系中具有绝对的"权威"。它的质量占整个太阳系总质量的99.9%，它又是太阳系中唯一自身能发光的星体。

## 太阳系的形成

大约在50亿～46亿年前，存在着一个成分主要是氢，同时含有少量氦和由其他元素构成的尘埃的云团。在经历了4000多万年之后，在云团中心形成了一个高温、高压、高密度的气体球，并在其核心触发了核反应，释放出大量的光和热，它就是太阳。而残存在太阳周围的气体和尘埃，形成了太阳系的其他天体。

太阳自身能发光发热，体积比地球大100多万倍

木星是太阳系中质量最大的行星，由气体构成

水星是最接近太阳的行星，白天它的表面温度可达430℃，夜晚则降到-180℃

金星的大小、结构与地球相似，但空气有毒，不适合生物生存

火星上有山川、峡谷和冰雪覆盖的两极，还有大气层，然而它的表面却是荒芜的沙漠

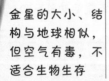

地球是人类的家园，是目前发现的宇宙中唯一有生命存在的星球

## 太阳系大家族

在太阳系内，现在已观测到8颗大行星，按距离太阳从近到远的顺序，分别是水星、金星、地球、火星、木星、土星、天王星、海王星；此外，还有几十万颗小行星。卫星绕行星运动，八大行星中除水星和金星外，每颗行星都有自己的卫星。在这个天体大家庭中，太阳是老大，其他天体都沿着一定的轨道围绕着太阳旋转。偶尔有几颗彗星和流星横冲直撞，离开轨道，但也逃脱不了太阳的控制，太阳就好像用一条无形的绳子拉着其他天体一起旋转，这就是万有引力作用。这些围绕太阳旋转的天体自己都是不会发光的冷天体，它们都要靠太阳的光热来温暖和照亮自己。

### ·八大行星的命名·

在国际上，八大行星通用的英文名字并不是我们在中文中使用的"金、木、水、火、土"等意思，而是以古希腊神祇的罗马名字命名的，每一个都代表一位天神。

天王星外表为蓝色，它是"躺着"自转的

土星质量比木星小，外面有漂亮的光环

海王星表面的风速是太阳系中最快的，以2000千米/小时的速度刮过星球表面

第一章

宇宙概况

25

## 行星系统和运动

　　包括地球在内的8颗行星构成了一个绕太阳旋转的行星系统。根据行星的物质构造，行星系统被分成内外两个系统。内系统的4颗星由岩石构成，外系统的4颗星由液化气体构成。整个太阳系在太空中旋转。在太阳系内部，行星围绕着自转的太阳运转。行星运行的轨道成椭圆形，运行方向一致，但速度不同。在轨道上行走一圈的时间相差很大，因为不同的行星与太阳的距离不等。除此以外，每个行星还围绕自己的轴心自转。

## 太阳系的边界

　　20世纪50年代，荷兰天文学家奥尔特提出，在太阳系的外围有一个近乎均匀的球层结构，其中有大量的原始彗星，这个球层就被称为奥尔特云，半径约为1光年。不过，即使我们将奥尔特云的位置作为太阳系的边界，整个太阳系与银河系比起来，还是像海滩上的一粒沙子。

大部分彗星在奥尔特云的柯伊伯带中

太阳和行星位于奥尔特云的中心

奥尔特云

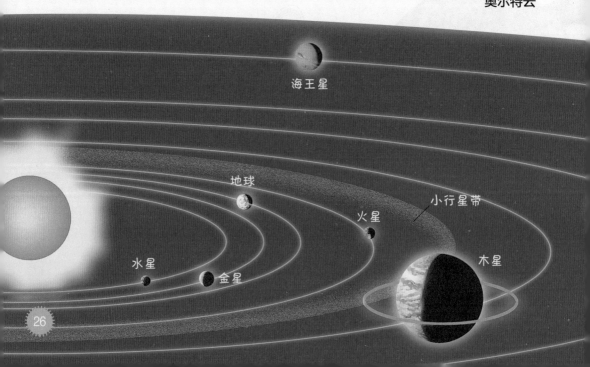

海王星

地球

火星

小行星带

水星

金星

木星

| 太阳的数据 | |
| --- | --- |
| 与地球的平均距离 | 约1.5亿千米 |
| 与星系的中心距离 | 3万光年 |
| 赤道直径 | 1.39万千米 |
| 质量（地球=1） | 330000 |
| 引力（地球=1） | 27.9 |

## 木星能取代太阳吗

　　木星是太阳系中最惹人注目的一颗行星，它是行星八兄弟中的老大——个儿最大，亮度仅次于金星。如果木星的内部是空的，它能装下1000多个地球。它的直径是地球的11倍多。木星是一个气态巨行星，如果它的质量再增加75倍的话，其中心也能产生核聚变反应，从而变成一颗恒星。

### · 奇妙的天体 ·

　　八星连珠。每隔179年，太阳系里八大行星会运行到太阳的一侧，就像串成了一根珠链。

　　流浪汉。太阳系大家族里的流星和彗星就像天空中的"流浪汉"，浪迹天涯，来去匆匆。

　　小不点儿。火星和木星轨道之间，有许多小行星，它们就像大行星的"小弟弟"，又似宇宙中的小不点儿，直径只有几百米到几十千米。

土星

天王星

# 宇宙观测

今天，宇宙观测已成为现代天文学一个重要的组成部分，各种现代化的观测仪器、分析方法使人类了解到了更遥远的世界。同时，也成为人们进入外太空、进行航天试验和探索最有力的前提和保证。

## 太空中的望远镜

除了地面上的望远镜，科学家还把望远镜安装在地球大气层之外的航天器上，让它们从太空轨道上把收集到的信息送回地面。这样，天文学家们就可以看得更远，也更清楚。著名的哈勃望远镜一架大型太空望远镜。

## 来自太空的信息

在现代，科学家研究宇宙最重要的方法之一就是研究"星光"。其实，可见光只是来自外太空"星光"的一部分，还有许多肉眼不可见的宇宙射线，科学家们通常通过电磁辐射波谱来研究这些宇宙射线。

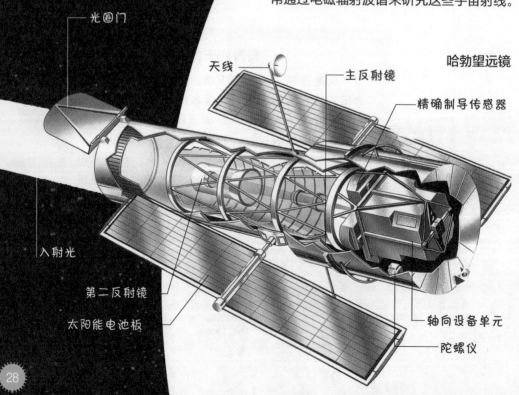

哈勃望远镜

光圈门

天线

主反射镜

精确制导传感器

入射光

第二反射镜

太阳能电池板

轴向设备单元

陀螺仪

## 射电望远镜

射电望远镜比反射望远镜"看"得更远，也不像光学望远镜那样会受海拔高度影响。最著名的射电望远镜巨阵坐落在美国新墨西哥州的沙漠里，共由27个直径25米的抛物面天线组成，以接收来自外太空的信号，它也是美国"寻找外太空智慧生物"计划的一个重要组成部分。

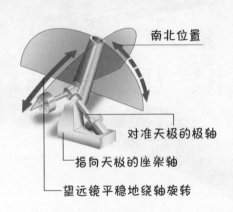

南北位置

对准天极的极轴

指向天极的座架轴

望远镜平稳地绕轴旋转

## 座架

望远镜有两种主要座架：赤道仪座架和地平经纬仪座架。它们支撑望远镜并让望远镜来回旋转，就如同行星绕轴自转一样。上图为赤道仪座架。

## 光学望远镜

天文学上最常见的光学望远镜是反射式望远镜，或称为反射望远镜。它是用巨型曲面镜来收集光的，这样，观测到的图像可以被副镜反射到望远镜的任何地方。

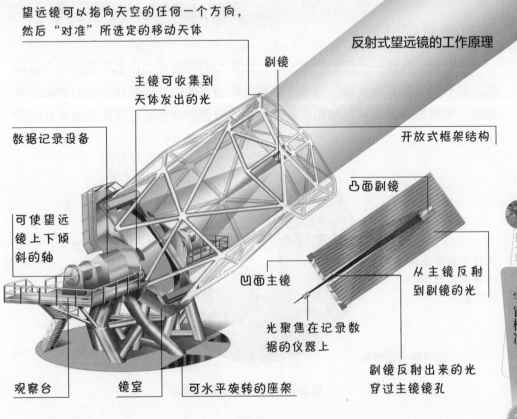

望远镜可以指向天空的任何一个方向，然后"对准"所选定的移动天体

主镜可收集到天体发出的光

副镜

反射式望远镜的工作原理

数据记录设备

开放式框架结构

凸面副镜

可使望远镜上下倾斜的轴

凹面主镜

从主镜反射到副镜的光

光聚焦在记录数据的仪器上

副镜反射出来的光穿过主镜镜孔

观察台　　镜室　　可水平旋转的座架

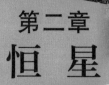

# 第二章
# 恒 星

# 什么是恒星

恒星的能量来源于"燃烧"自身的气体，因此一颗恒星内气体的多少，会直接影响到它的温度和体积。一般来说，恒星的体积比较大，但因距离地球太遥远，它们发出的光才显得很微弱。

## 恒星的内部结构

恒星其实就是一个巨大的气体球，大多数的恒星主要由氢和氦两种气体构成，并有少量的其他元素。气体压缩聚集在恒星的中心，使这个中心的温度非常高，密度非常大。恒星的能量就是由中心传递到表面，以光和热的形式散发出去的。

氦正在聚变而形成碳的壳层

表面温度约3500℃

主要由氦组成的中介层

碳核的温度约1亿摄氏度

正在冷却和膨胀的外层发出炽热的红光

恒星的内部结构

主要由氢组成的外包层

氢正在聚变而形成氦的壳层

## 恒星的运动

　　从前，人们都误以为恒星是静止在宇宙中恒定不动的，因此才称它们为"恒星"。现在，我们已经知道，恒星同样也是在不停运动的。它们每时每刻都处在高速的运动中，只是由于距离太远，我们才难以察觉到它们的运动。

恒星在天空中运动的轨迹

## 双星

　　两颗恒星在彼此的引力作用下，围绕着它们俩共同的轨道运行，就形成了所谓的"双星"。双星系统在宇宙中非常普遍，大约有一半的恒星被证明是双星或聚星，不过我们的太阳是颗单星。

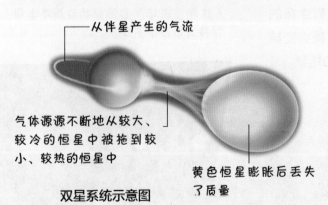

从伴星产生的气流

气体源源不断地从较大、较冷的恒星中被拖到较小、较热的恒星中

黄色恒星膨胀后丢失了质量

双星系统示意图

## 恒星光谱

　　天文学家将星光分解成光谱。美国天文学家加农对光谱进行了分类，7个类型分别用英文的O、B、A、F、G、K、M表示。

O型（40000～29000℃）

B型（28000～9700℃）

A型（9600～7200℃）

F型（7100～5800℃）

G型（5700～4700℃）

K型（4600～3300℃）

M型（3200～2100℃）

恒星的光谱

# 恒星的一生

宇宙中的天体都会从诞生走向死亡，只不过，恒星的生命是用百万年，甚至亿万年来衡量的，因此人类才看不出它们的变化。一般来说，中等"体形"的恒星生命历程大致可以表述为：星云—原序星—主序星—红巨星—白矮星，一些较大的恒星则变成了中子星或者黑洞。

## 从星云开始

所有的恒星都起源于太空中的星云。恒星总是大批地诞生，成为星团，但是大部分星团后来都发生分裂，只有少数因为引力而维系在一起。恒星从星团中分裂出来后，它的生命就取决于它的质量了，质量越大，它的"燃料"就消耗得越快，生命也就越短促。不过大多数恒星都像太阳一样，有一个比较平稳的生命阶段。我们的太阳已经经历了其生命的一半，再过大约50亿年，它就会变成一颗红巨星，进而变成一颗白矮星。

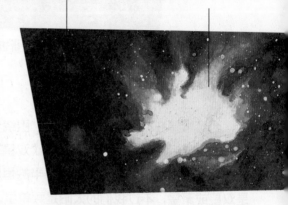

1.在宇宙深处，星云在自身引力作用下开始收缩

2.由星云收缩分裂而成的小云团将形成一颗原始恒星

7.这颗"成年"的恒星状态基本上可保持上百万年不变

8.随着其内部氢气的燃烧殆尽，恒星膨胀成一颗红巨星

## 衰老和死亡

　　恒星的死亡方式和它的质量有关系。一般来说，质量和太阳质量差不多的恒星，首先会膨胀成一颗红巨星，然后再坍塌成一颗白矮星。质量比太阳大的恒星，温度比太阳高，燃料消耗也快，因此生命中只有很短的一段稳定的发光期。

3.每颗原始恒星都被气体或尘埃包裹着

4.收缩的原始恒星有了"生命"，气体流从圆盘的两面喷出

5.尘埃颗粒沿着原始盘面凝结，最终形成恒星

6.这颗恒星在主序列带上聚变，氢气转化成氦气

9.变为行星状星云

10.经过平静的收缩后，变为白矮星

11.最后变为黑矮星

## 巨大的密度

　　恒星死亡后残留的物质密度都非常大。打个比方，一艘百万吨级的轮船，只能承载足球大小的白矮星物质，或者芝麻粒大小的中子星物质。

第二章

恒星

33

# 互相吞食的星体

在浩瀚的宇宙当中，星体与星体之间并不是和平相处的，在星体明亮或暗淡的光芒掩盖之下，随时都可能爆发一场没有硝烟的战争。那些较为强大的星体会吞食掉弱小的星体，随后自己也将面临被吞食的命运……

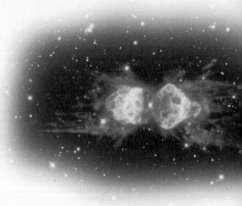

正在互相吞食的星体

目前已知蟹状星云中有一颗
最年轻的脉冲星。

## 预言成真

天体物理学家曾有过这样的一个预言：宇宙中的两颗星体如果距离过于接近的话，那其中的一颗星体就很有可能会被另一颗吞食掉。这个预言听起来有点儿危言耸听，星体都是独立存在的个体，又怎么能够相互吞食呢？然而这一预言现在已经得到了证实。

## 吞食的过程

星体间的吞食究竟是怎样产生的呢？原来在两颗相距较近的恒星之间，由于老化和潮汐的相互作用，这两颗恒星的运行速度都会逐渐衰减，越转越近。其中一颗恒星如果老化得比较快，那它老化之后的外层物质会逐渐扩散开来，形成一层稀薄的气圈。这时假如另一颗恒星离它比较近，气圈就会将这颗恒星包裹起来，将它拉入自己的怀抱之中。进入气圈的恒星在气圈自身的阻力影响下，运行速度逐渐减慢，并不由自主地开始进行螺旋形旋转，逐渐陷进吞食它的恒星的中心，成为那颗恒星的俘虏。

"蟹状星云"是
超新星爆炸的扩
大残体。

## 解密红巨星

当一颗恒星经过了漫长的青壮年时期，逐渐老化以后，它就有可能变成一颗红巨星。能够被称为巨星的星体，体积自然庞大无比，据资料统计，恒星演化为巨星之后，它的体积将会膨胀到原来的10亿倍之多。恒星膨胀得越大，外表面离中心就越远，温度也就越低。体形巨大的恒星在低温下发出来的光颜色有些偏红，不过光度比较大，看起来非常明亮，因此获得了"红巨星"的名号。在夏季的夜晚仰望星空的时候，我们肉眼可以看到的星体中，最亮的星体大多数都是红巨星。

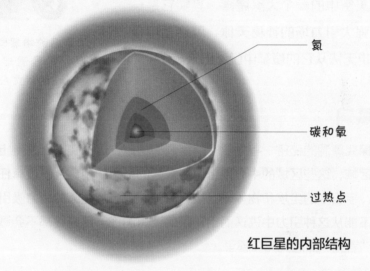

氦

碳和氧

过热点

红巨星的内部结构

## 星体吞食的真实性

在最近几年的研究中，研究人员已经发现有一些红巨星的中心是由两颗恒星组成的，这两颗恒星之间的距离非常近。比如在艾贝尔41星云里的一对双星，它们的运行周期只有2小时43分，而正常的运行周期应该在11～16小时。这一数据明显表明这对星体之间的距离很近，同时也间接说明红巨星之所以旋转速度加快，是因为它吞食了另一颗星体以后，影响了它的运转和演化的过程。

2002年1月，标号为V838的红巨星突然成为银河系中最明亮的一颗恒星，甚至比太阳还要亮近60万倍。原来是这颗红巨星吞食掉了围绕自己旋转的巨大行星而造成的结果。

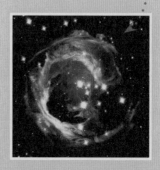

# 黑洞

在宇宙空间中有一块异常神秘的区域，任何物体只要进入到它的区域范围之内，就会被突然吸入其中，从此消失得无影无踪。科学家给这个令人恐怖的空间起了一个恰如其分的名字——"黑洞"。"黑洞"听起来很像是天空中的一个大黑窟窿，其实它是一种具有强大引力场的神秘天体，就连速度极快的光也无法从它的魔掌中脱逃出来。

英国著名的物理学家斯蒂芬·霍金，是黑洞理论和"大爆炸"理论的创立人。

## 接近黑洞

要探究黑洞的秘密，首先要了解黑洞的构成。黑洞实际上是宇宙中物质密度最高的区域，这些区域的中心地带具有极强的引力作用，几乎没有任何物质可以抗拒它。宇宙中的尘埃和物体一旦接近黑洞，就会被强大的引力吸引过来，就连光线也不能从这种引力中逃逸而出。因此，黑洞连一丝光线都不会透露出来，谁都无法"看见"黑洞究竟在哪里。

## 黑洞的形成

科学家认为，黑洞很可能也是由恒星演化而来的。当一颗恒星衰老以后，它没有足够的力量来承担外壳巨大的重量了，在外壳的重压之下，恒星的核心开始坍缩，坍塌的星体最终发生了内向爆炸，从此形成了黑洞。

气流撞上了围绕黑洞的气体所产生的热点

气体形成了一条长长的气流

黑洞强大的引力使伴星上的气体疾驰而来

蓝色的巨型伴星

气体接近黑洞时被加热到1亿摄氏度

气体形成的旋涡——吸积盘

气体盘的边缘暗且冷，黑洞引力把它加热，使它接近中心发光

黑洞吞噬恒星

## "吃掉"恒星

如果黑洞在另一颗恒星附近形成，它强大的引力就会把那个星球的气体吸过来。气体向黑洞倾斜，在黑洞的周围就形成了一个巨大的旋涡。旋转产生的摩擦使这些气体变热，并发出强烈刺眼的光，以及大量X射线。那些靠近黑洞的恒星质量则会渐渐减少，被黑洞"吃掉"。2004年，科学家就在代号为"RX-J1242-11"的星系中观测到了一个被黑洞撕裂的恒星。这颗"倒霉"的恒星因为偏离轨道而靠近了黑洞，它的质量和太阳相当，而撕裂它的黑洞质量则是太阳的1亿倍。

被黑洞吸走的气体形成了一条长长的气流。

黑洞吸走恒星上的气体。

黑洞景观的模拟

## 巨大的引力

黑洞的体积非常小，有的甚至只有一个钉子头那么大，但密度却大得惊人，巨大的质量从而产生了巨大的引力。黑洞的引力实在太大了，以至于连光也被它吸了进去而无法逃逸出来，使我们没法看到从黑洞方向传播过来的光，因此黑洞其实是一种不发光的天体，并不是一个"洞"。

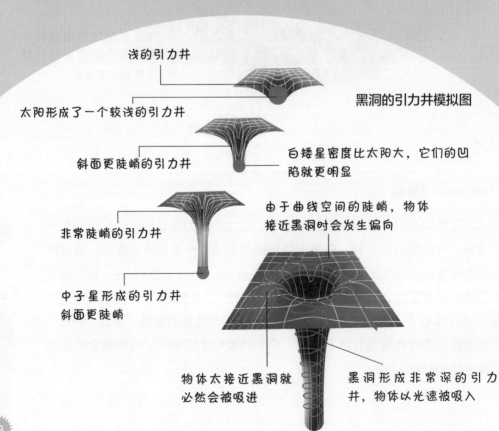

浅的引力井

太阳形成了一个较浅的引力井

黑洞的引力井模拟图

斜面更陡峭的引力井

白矮星密度比太阳大，它们的凹陷就更明显

非常陡峭的引力井

由于曲线空间的陡峭，物体接近黑洞时会发生偏向

中子星形成的引力井斜面更陡峭

物体太接近黑洞就必然会被吸进

黑洞形成非常深的引力井，物体以光速被吸入

## 相对论与"引力井"

爱因斯坦的相对论认为，物体能使它周围的空间弯曲，也就是说，空间就像一个橡胶平面，把一个球放上去，平面就会出现一个凹陷，这就形成了一个引力造成的"井"。质量越大的物体，它造成的"井"就越深、越陡峭。黑洞就是这样造成了一个无底深渊般的"井"，强大的吸引力把周围物体吸进去，而且永远无法再逃出来。

## 破解"隐身术"

黑洞藏身有方，它悄悄地把自己隐藏在茫茫宇宙当中，人们无法直接观察到它的形态，甚至无法直接找到它。那么，黑洞是怎么把自己隐藏起来的呢？答案就是：弯曲的空间。众所周知，光是沿直线传播的。可是，根据爱因斯坦的广义相对论，空间会在引力场的作用下发生弯曲。也就是说，强大的引力把光线拉得偏离了原来的方向。在地球上，由于引力场的作用很小，因此这种弯曲是微乎其微的。但在黑洞周围，空间的这种变形就非常明显。这样，即使某些恒星被黑洞挡住，它发出的光有一部分会落入黑洞中，但另一部分光线也会通过弯曲的空间绕过黑洞而到达地球。所以，我们可以毫不费力地观察到黑洞背面的星空。这就是黑洞的"隐身术"。

## 黑洞的毁灭

英国著名物理学家斯蒂芬·霍金在1975年发表了他最重要的宇宙学理论，表示黑洞会发出耀眼的光芒，体积会缩小，所有黑洞最终会蒸发，这一理论被称为"霍金辐射"。科学家认为黑洞和宇宙中的其他星体一样，都会有灭亡的那一天。尽管黑洞具有极高的吸引力，但总是会有一些质子逃脱它的控制，按照积少成多的原则，黑洞的能量和质量会慢慢地消耗掉，最后就有可能发生爆炸，结束其生命。

### ·黑洞与白洞·

黑洞的特性引发了科学家的大胆猜想——宇宙中会不会也同时存在一种物质只出不进的天体呢？并给它取名叫"白洞"。它很可能就存在于黑洞的另一端，黑洞不停地吸收物质和能量，白洞则在另一端向外喷射物质和能量，形成一个巨大的时空隧道。

第二章

恒星

# 星座

几千年前的人类就已经开始把相邻的星星们编成一个个的小组，想象成熟悉的形象给它们命名，这就是星座。星座最早起源于古代的巴比伦，现在国际上通用的星座一共有88个，是1928年由国际天文学会确定的。

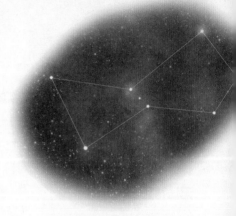

猎户座

## 南天星座和北天星座

根据位置的不同，88个星座分为南天星座和北天星座。大约在2世纪，古希腊人就已经归纳了北天的大部分星座，并用希腊神话中的人物和传说命名了这些星座。而南天的恒星直到17世纪才逐渐确定下来，因此南天星座大多采用科学仪器的名字来命名。北天最有名的是小熊座和猎户座，南天群星看上去比北天要亮一些，有丰富的星云和星团。

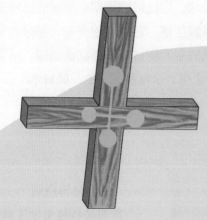

### 南十字座

南十字座与北极星遥相对应，是赤道以南导航的关键标志，也是88个星座中最小的

### 长蛇座

长蛇座是88个星座中最长、面积最大的星座。在古希腊神话故事中，它是水蛇精许德拉的化身。传说它有9个头，能从9张口中吐出毒气，危害人畜

## 星座的位置

由于地球处于不断的运动中，所以在一年中的不同季节，我们在天空所看到的星座是不同的。最典型的比如天蝎座只在夏夜星空中出现，而猎户座则出现在冬天。

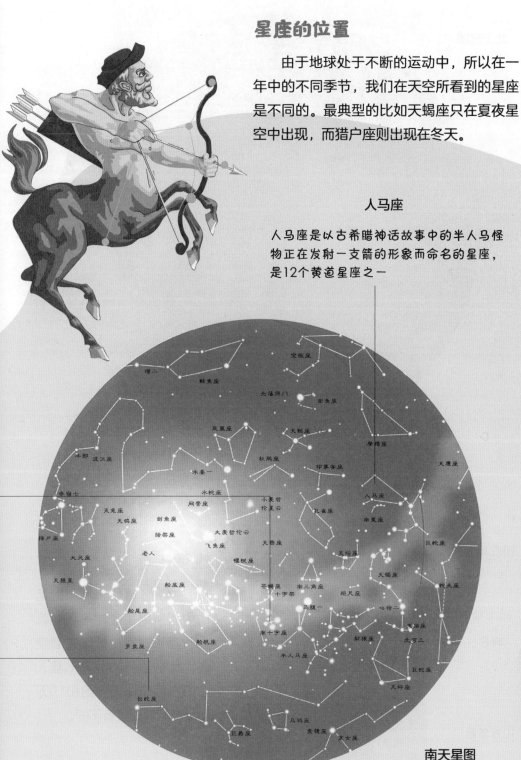

### 人马座

人马座是以古希腊神话故事中的半人马怪物正在发射一支箭的形象而命名的星座，是12个黄道星座之一

南天星图

## 北天星图

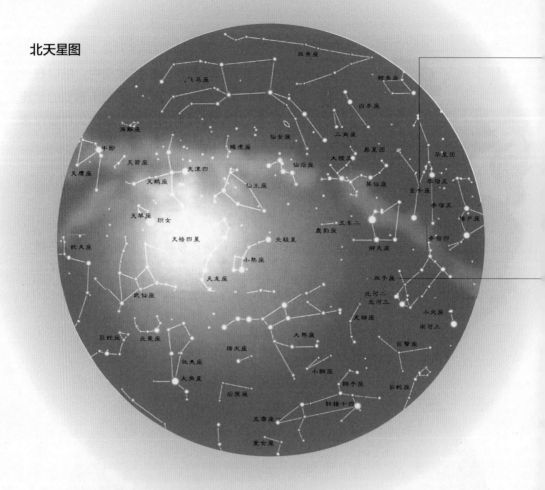

飞马座
双鱼座
鲸鱼座
海豚座
白羊座
牛郎
三角座
天箭座
仙女座
天津四
蝎虎座
大陵五
昴星团
英仙座
金牛座
昴宿五
天鹰座
天鹅座
仙王座
参宿五
天琴座
织女
五车二
金牛座
参宿四
天棓四星
北极星
鹿豹座
猎户座
小熊座
御夫座
双子座
蛇夫座
天龙座
北河二
北河三
武仙座
天猫座
小犬座
巨蛇座
北冕座
南河三
大熊座
巨蟹座
牧夫座
猎犬座
大角星
小狮座
狮子座
长蛇座
后发座
轩辕十四
室女座
五帝座

## 北斗七星的形状变化

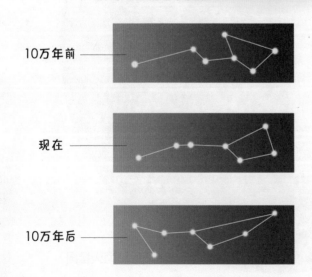

10万年前

现在

10万年后

## 改变形状

由于恒星处于不断的运动中，所以星座的形状实际上一直都在缓慢地发生着变化。比如著名的北斗七星，它的形状在10万年前和10万年后都与现在显著不同。

### 金牛座

金牛座是冬季夜空中一个光辉夺目的星座。它是黄道的第二个星座，因形似牡牛的上半身而得名

### 双子座

双子座位于猎户座的东北方，与位于银河之西的金牛座隔河相望，是黄道星座之一。在古希腊神话中，它是天神宙斯和勒达的一对双生子

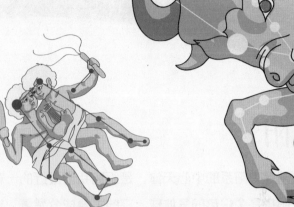

## 黄道十二星座

从地球上看，太阳好像在布满群星的天球面上运行，太阳所经过的轨迹就称为"黄道"。位于黄道上的12个星座被称为"黄道十二星座"，它们与古代流行的占星术和现在被人们所津津乐道的"生日星座"都有着很密切的联系。

| 黄道十二星座 | | |
|---|---|---|
| **星座名称** **拉丁名** | **图　形** | |
| 白羊座　Aries | | |
| 金牛座　Taurus | | |
| 双子座　Gemini | 白羊座　金牛座　双子座　巨蟹座 | |
| 巨蟹座　Cancer | | |
| 狮子座　Leo | | |
| 室女座　Virgo | | |
| 天秤座　Libra | 狮子座　室女座　天秤座　天蝎座 | |
| 天蝎座　Scorpius | | |
| 人马座　Sagitta | | |
| 摩羯座　Capricornus | | |
| 宝瓶座　Aquarius | 人马座　摩羯座　宝瓶座　双鱼座 | |
| 双鱼座　Pisces | | |

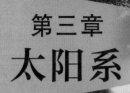

# 第三章
# 太阳系

# 太 阳

太阳是太阳系的中心天体，是距离我们最近的一颗恒星。和其他恒星一样，太阳也是个炽热的气体球，它的主要成分是氢，也有一些氦，以及少量其他元素，在太阳中心不断地发生着核聚变反应，产生光和热。

## 太阳的结构

太阳内部从里向外分为3个层，分别是产能核心区、辐射区和对流区。太阳在产能核心区发生核聚变反应产生的能量通过辐射、对流等方式传到太阳表层。太阳的表面是厚达500千米的热气流，即光球层。光球层向外，依次还有色球层和日冕。

### 日珥（ěr）

日珥是太阳边缘外面的发光气团，像太阳突然长出的大耳朵

### 太阳黑子

太阳黑子指的是光球层上的黑暗区域，黑子较光球层周围区域的温度低了许多，所以在明亮的光球层反衬下，它看起来是"黑"的

# 太阳的自转

在带动整个太阳系在银河系中公转的同时，太阳自身也在不断地进行自转。它的速度在赤道处自转一周大约相当于地球上的25天，极地附近自转一圈需要约35天，而中心部分的自转速度大约是27天一圈。

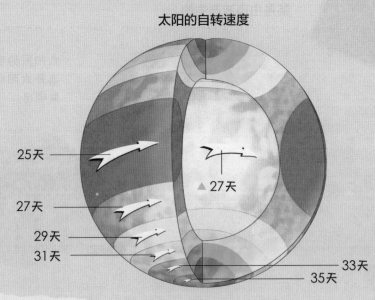

太阳的自转速度

25天

27天

▲27天

29天

31天

33天

35天

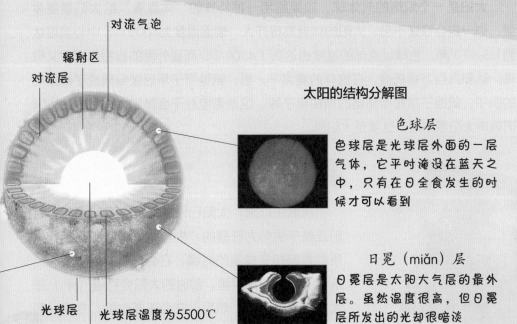

对流气泡

辐射区

对流层

太阳的结构分解图

### 色球层

色球层是光球层外面的一层气体，它平时淹没在蓝天之中，只有在日全食发生的时候才可以看到

光球层

光球层温度为5500℃

### 日冕（miǎn）层

日冕层是太阳大气层的最外层。虽然温度很高，但日冕层所发出的光却很暗淡

核内温度为$1.5×10^7$℃

## 太阳振荡

太阳的光球层常以某种方式不停地起伏振荡着，被称为太阳振荡。通常这种振荡产生于光球层下面的对流区，在太阳内部被吸收。据研究发现，大多数这样的振荡是由声波产生的。

太阳风的带电粒子离开太阳向各个方向喷出。

## 量量体温

太阳是一个炽热的气体球，如果能用一种特殊的"体温表"给太阳量量体温，你一定会惊讶不已。太阳的体温高得吓人，表面温度为6000℃，中心温度达到$1.5 \times 10^7$℃，色球层底部的温度也达到了4500℃，而最外面的日冕层温度又极高，达到几百万摄氏度。在这样的高温下，氢、氦等原子早已被电离成了带正电的质子、氦原子核和带负电的自由电子等，这些带电粒子会挣脱太阳引力的束缚而奔向太阳系空间，这就是太阳风。

## 太阳的寿命

从诞生以来，太阳已经发光发热了50亿年，目前正处于生命力旺盛的"中年"。再过50亿年，当所有氢都转变成氦的时候，它会开始使用氦燃料，从而变成一颗红巨星。那时的太阳会吞噬（shì）掉太阳系内的一切。然后，它会逐渐收缩，变成一颗白矮星。再过几十亿年，白矮星逐渐冷却，就会变成一颗又冷又暗的黑矮星，结束它的一生。

太阳的表面发生着剧烈的活动。

# 太阳的活动

除了天天供给我们光和热，剧烈的太阳活动还常常会影响地球的磁场，而在南北极出现的美丽的奇观——极光，实际也是太阳活动对地球造成影响的结果。

太阳热辐射示意图

（图注：太阳、太阳粒子、地球、地球磁场）

## 耀 斑

太阳大气有时候会在短暂的时间内释放出大量的能量，引起局部区域温度瞬时剧增，各种辐射突然增强。因为它只发生在一小块地方，这块地方的温度比其他地方温度高出很多，看起来就像太阳上有了一块耀眼的斑点，所以被称为耀斑。耀斑的寿命不长，大约在几分钟到几十分钟之间。

## 核聚变反应

太阳的中心时时刻刻都在发生一种4个氢原子聚变成1个氦原子的核聚变反应，相当于每时每刻都发生着氢弹爆炸的反应，因此释放大量辐射能，以光子的方式辐射出去。

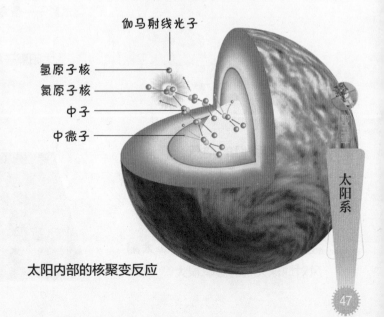

（图注：伽马射线光子、氢原子核、氦原子核、中子、中微子、太阳系）

太阳内部的核聚变反应

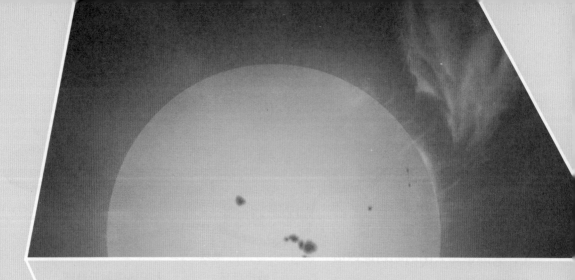

## 太阳黑子

黑子就是太阳表面的黑色斑点。其实黑子并不是黑色的，只是因为它的温度为4500℃左右，相对于其他6000℃高温的区域而言，显得比较暗一些，看上去就像黑色的斑点。黑子实际上是一个呈旋涡状的气流，就像太阳表面的风暴。它们的大小差别很大，小的直径1000千米左右，大的直径可达10万千米以上。

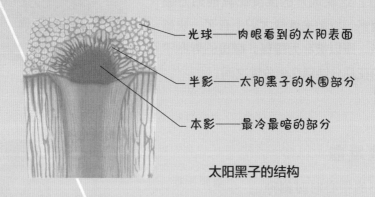

光球——肉眼看到的太阳表面

半影——太阳黑子的外围部分

本影——最冷最暗的部分

太阳黑子的结构

## 太阳风

就像我们的空气中有灰尘一样，太阳系中也有微小的尘粒和气体，它们都是来自于太阳的粒子流，被形象地称为"太阳风"。太阳风对地球大气的影响很大。

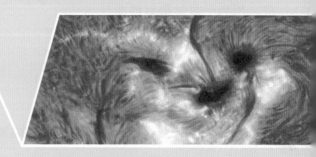

# 水星

水星是八大行星中距离太阳最近的一颗，因此在它上面看到的太阳要比在地球上看到的太阳大出近3倍。巨大的太阳照着水星表面，再加上它自身的大气很稀薄，使这里成为一个昼夜温差悬殊的荒凉之地。

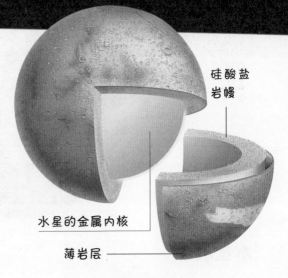

硅酸盐岩幔

水星的金属内核

薄岩层

水星的构造

## 水星的公转和自转

水星的自转速度很慢，但是它的公转速度却很快。在水星上，从日出到日落，再到日出的"一昼夜"长达176个地球日，而在此期间，水星已经绕太阳公转了两周。这就有了一个有趣的现象，即水星上的"一天"比"一年"还要长。

## 凹凸的表面

水星体积比较小，几乎没有大气，也没有水，表面上有高山，也有平原，而且像月球一样布满了凹凸不平的环形山。水星的环形山有上千座，都是许多年来星外岩石撞击形成的。在国际天文学联合会已命名的310多座水星环形山中，有15座是以中国文学艺术家的名字命名的，像伯牙、蔡文姬、李白、李清照、鲁迅等，以此来纪念他们为人类文化做出的卓越贡献。

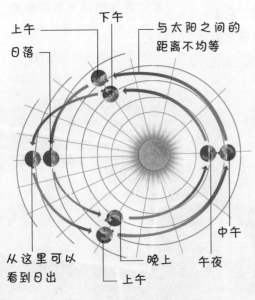

上午
下午
日落
与太阳之间的距离不均等

从这里可以看到日出
晚上
午夜
午后
上午
中午

水星自转与公转示意图

水星表面布满了环形山。

太阳系

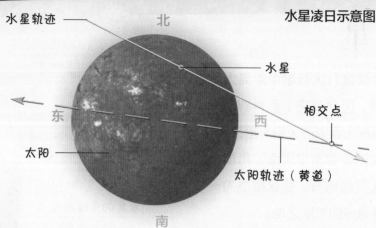

水星轨迹 —— 北 水星凌日示意图

水星

东 相交点

西

太阳 太阳轨迹（黄道）

南

## 水星凌日

　　平时在地球上，我们只能在黎明或太阳落山时才能看到水星。当水星运行到太阳和地球之间时，我们就会在太阳的圆面上看到一个小黑点掠过，这种现象就是所谓的"水星凌日"。它是一种罕见的天文奇观，平均100年才出现13次。

## 表面温差大

　　水星上既没有空气也没有水分，其表面温差很大。由于水星和太阳之间的距离非常近，它本身又没有大气的调节，所以水星向阳面的最高温度竟可达到430℃；而到了夜间，水星背阳面的温度又能够降到－160℃。其温差足以让水星成为一个冰火两相容的星体。

水星上离赤道最近的红色区域温度最高

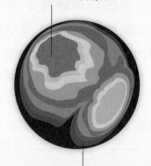

紫红色区域得不到阳光的直接照射，所以温度最低

**水星的伪彩色温度图**

水星的大气非常稀薄，不到地球的一万亿分之一。

水星表面

水星昼夜温差可达610℃。

# 金星

金星上主要是覆盖着熔岩的广阔平原、受地质活动破坏的山脉和高原，表面上布满了小型的陨石坑。由于浓厚的大气层反射了大量太阳光，所以，从地球上看，金星显得非常明亮。

## 地球的孪（luán）生兄弟

从结构上看，金星和地球有着许多相似之处，比如金星的体积是地球的0.88倍，质量占地球质量的4/5，半径也只比地球的半径少了300多千米，因此有人称金星与地球是孪生兄弟。但是金星上的自然环境可比地球要严酷和恶劣得多，金星的表面温度一般高达465～485℃，没有液态水，大气中的二氧化碳含量竟然占到97%以上，严重缺氧，还经常刮起特大热风暴和下起具有强烈腐蚀性的酸雨。

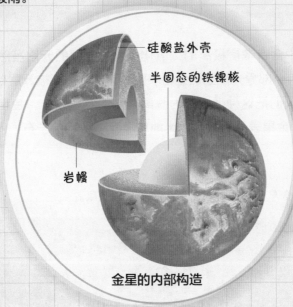

硅酸盐外壳

半固态的铁镍核

岩幔

金星的内部构造

## 金星的构造

金星是一颗岩石行星，半径约为6050千米，平均密度约为5250千克/立方米。它的外层是一层硅酸盐岩石外壳，里面是包在岩幔中的一个半固态的铁镍核，这些特征都和地球很相似。但它的环境却比地球恶劣得多：气温极高，气压非常大，空气根本无法呼吸。

第三章

太阳系

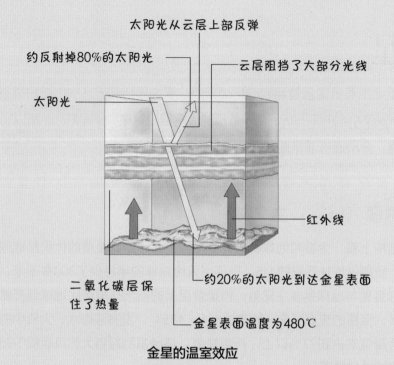

太阳光从云层上部反弹

约反射掉80%的太阳光

云层阻挡了大部分光线

太阳光

红外线

二氧化碳层保
住了热量

约20%的太阳光到达金星表面

金星表面温度为480℃

金星的温室效应

## 金星的温室效应

　　金星大气中含有浓度极高的二氧化碳，它厚厚的云层虽然反射了大多数的太阳光，但仍有一部分光能到达金星表面，这部分热能被云层挡住，因此热量很难散发出去，人们把这种现象称为脱离控制的温室效应。金星的表面温度高达480℃。而且，金星表面的气压也比地球表面高出90倍左右，人如果到了那里，就会被压扁。

由于风的作用，金星表面的岩石上形成了沙丘和条纹。

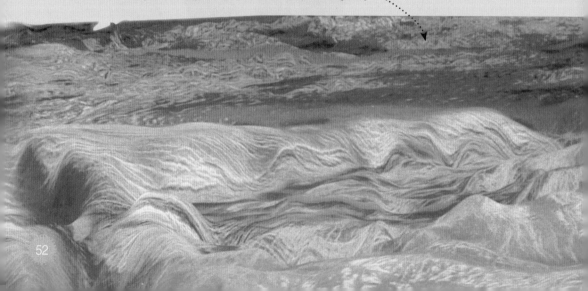

## 逆时针的自转

太阳系八大行星中只有金星的自转方向与其他行星相反，是自东向西逆时针旋转的。而且金星的自转速度非常缓慢，自转一圈需要243个地球日，比它的公转周期——224.7个地球日还要长。因此金星也是个"一天"比"一年"还要长的行星。

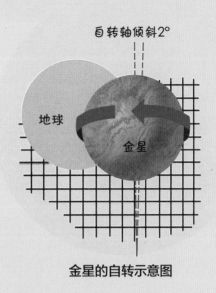

自转轴倾斜2°

地球

金星

金星的自转示意图

## 金星的盈亏

金星有盈亏的相位变化，所以我们在地球上不可能总见到完整的金星。因为当金星的光照部分朝向地球时，自身会完全被太阳挡住。只有当金星转到太阳与地球正中的瞬间时，我们才能看到完整的金星。

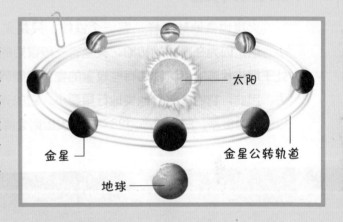

太阳

金星

金星公转轨道

地球

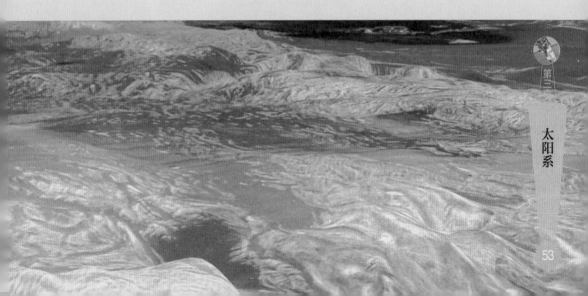

# 火星

　　火星表面75%的部分被各种铁氧化物构成的沙漠覆盖着，因而岩石、沙土和天空都是红色或粉红色的，因此也常被称作"红色的星球"。火星的平均直径约为6790千米，每24.62小时自转一周，这一点可以说和地球非常相像。

## 火星的构造

　　火星也像地球一样，有一个铁核，只是火星的核比较小。这是因为在形成的初期，火星有一段很短的时间是完全处于熔化状态的，这就使有些较重的物质没能沉到它的中心去，因此，它的核比其他类地行星要小。它的赤道表面拥有极端的温度差，白天最高为28℃，但夜里则会降到-132℃。

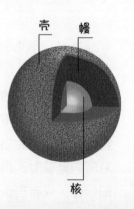

壳　　幔

核

火星上的运河

"勇气号"火星探测器

## 红色的天空

　　火星的大气很稀薄，本来，在火星上看天空，应该是蓝紫色的。然而，火星满地是棕红色的细沙，又经常刮大风，使空气中也漂浮着大量沙尘。这些尘粒散射阳光中的红色，因此，火星的天空也变成红色了。

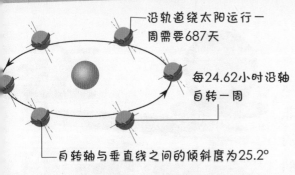

沿轨道绕太阳运行一周需要687天

每24.62小时沿轴自转一周

自转轴与垂直线之间的倾斜度为25.2°

火星的倾斜、自转和公转

地球　　火星

自转轴倾斜25.2°

火星的自转示意图

## 登陆火星

　　火星上是否也有像地球人一样的"火星人"存在，是人类一直十分关注的问题。近年来，一系列行星际探测器离开地球飞向火星，探究火星的气候变化、大气的进化过程以及能否成为人类可以定居的第二故乡。2004年1月，"火星漫游者号"探测器的两个着陆器"勇气号"和"机遇号"成功着陆火星，向人类传回了大量珍贵资料。

### ·火星的卫星·

　　火星有两颗卫星：火卫一和火卫二，它们具有小行星的一切特征。因此科学家们推测，它们很可能原本就是小行星，后来被火星的引力吸引而成为火星的卫星。

火星常常会刮起狂风，形成巨大的火星尘暴。

人类登陆火星想象图

第三章 太阳系

# 木星

木星赤道部分突出，外观呈扁球形，是太阳系中巨行星的代表。木星非常庞大，因而也格外引人注目，从它的大气层，它的风暴，它的温度，到它的众多卫星，都是科学家们研究的焦点。

木星的重量

## 行星之王

木星的直径为142984千米，是太阳系中最大的行星，比第二大行星土星大3倍多。而且，就算把太阳系里其他所有的行星、卫星、小行星和彗星都加在一起，合起来的质量也没有木星质量的一半大。

## 木星的构造

木星几乎完全是由氢和氦两种元素构成的。它小小的岩石核被金属氢（性质接近金属的液态氢）和液态氧的海洋所包围，海洋之上就是木星浓厚的大气层。

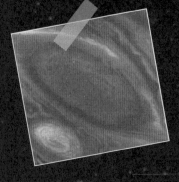

## 大红斑

大红斑是木星最引人注目的特色之一。它其实是木星表面的一团不停旋转的上升气流，这个气流物质中含有大量的磷化物，所以颜色有时鲜红，有时略带棕色或淡玫瑰色。

大红斑

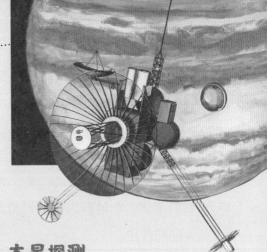

## "伽利略号"

1989年发射的"伽利略号"探测器经过6年的跋涉于1995年到达木星。它将携带的子探测器送入木星大气层,对木星进行了为期两年的探测,这是首次在原位测量木星大气,对人类了解木星起到了划时代的作用。

### ·木星的卫星·

木星的卫星有很多,目前已知的有近70颗。其中木卫一、木卫二、木卫三、木卫四是伽利略用自制望远镜发现的,它们后来被称为伽利略卫星。其他卫星的亮度要比伽利略卫星暗很多,只有用较大的望远镜才看得见。

## 木星探测

20世纪70年代以来,人类开始了对木星的探测活动。太空探测器"先驱者10号""先驱者11号""旅行者1号"和"旅行者2号"都曾飞近过木星。而美国于1989年发射的"伽利略号"木星探测器,更是开始了对木星的专门探索,"伽利略号"共服役14年,为人类收集了许多珍贵资料。

岩石核心直径约为28000千米

核心温度在30000℃左右

内幔由金属氢组成

外幔由液态氢和氦组成,并延伸至大气层

主要由氢和氦组成的大气

红光也许是磷产生的

云顶温度约为−140℃

短暂的反气旋风暴

木星的内部结构

闪电的光亮

# 土星

土星是仅次于木星的太阳系第二大行星，以其美丽的光环而闻名。土星和木星同属巨行星，和木星一样，土星也是一颗气体行星。橘色的表面上飘浮着明暗相间的彩云，加上赤道面上发出柔和光辉的星环，土星被人们认为是太阳系里最美丽的行星。

## 凸起的"肚子"

土星的体积虽然庞大，但自转速度非常快，自转一周只需要大约10.23个小时。因为赤道旋转的速度高于两极，再加上它自身非常轻，造成了它赤道地区的凸起，是太阳系众多行星中"肚子"凸起得最厉害的一个。

如果一位宇航员在土星环的内部飞行，会看到许许多多大小不等的冰冻碎片。

1980年　1984年　1988年　1991年

1995年　1999年　2003年　2007年

土星光环的变化

## 变更的光环

土星绕太阳运行一周需要大概30年，在此期间，地球上看到的土星环会呈现不同的形状。伽利略是最早发现土星环的人，但当时他并不知道这是土星的环，以为是土星耳朵状的附着物，"耳朵"形状的变换还让他以为土星在吞食自己的孩子。这很容易使人联想到希腊神话中吞食自己孩子的天神克洛诺斯，他在罗马神话中的名字是萨图恩（Saturnus），土星（Saturn）的名字也就由此而来。

## 浓厚的大气层

土星的大气层基本全是由氢和氦组成的，另外还有少量其他物质，这些物质形成了各种颜色的云。它的大气温度比木星的大气温度要低，同时云层也厚得多，因而在表面呈柔和的带状。

土星气旋

液态氢组成的外幔

液态金属氢组成的内幔

岩石和水冰组成的核心

赤道处风速高达每小时1800千米

土星的内部结构

云顶温度约为-180℃

主要由氢和氦组成的大气层

反气旋沙暴

## 土星探测

"先驱者11号"是以土星为主要探测目标的探测器，它于1973年4月发射，在经历了24亿千米的漫漫航程后，于1979年9月到达最接近土星的位置。探测器在那里拍摄了第一张近距离照片，并绘制了土星磁场的图像。

太阳系

59

# 天王星

天王星在被发现时让天文学家们大为震惊，因为在此之前，人们一直认为土星就是太阳系最外圈的行星。天王星的发现把太阳系的范围扩大了一倍。天王星的运行方式很特别，它本身、星环和卫星都是"躺着"旋转的，即侧身躺在轨道上绕着太阳旋转。

直到1781年3月13日，威廉·赫歇耳爵士宣布他发现了天王星，这也是第一颗使用望远镜发现的行星。

## 蓝色星球

天王星也是一颗有着浓厚大气层的气体行星。它的大气层中83%是氢，15%为氦，2%为甲烷以及少量的乙炔和碳氢化合物。上层大气层的甲烷吸收太阳光中的红光、反射蓝色光和绿色光，使天王星呈现蓝绿色。

## 冷行星

天王星是太阳系中唯一缺乏内部热能的行星，而且由于距离太阳太远，它接受到的阳光仅为地球的1/370。按照现行的天王星结构模型推算，它的中心温度只有2000～3000℃，表面温度低于-209℃，是一颗非常寒冷的行星。

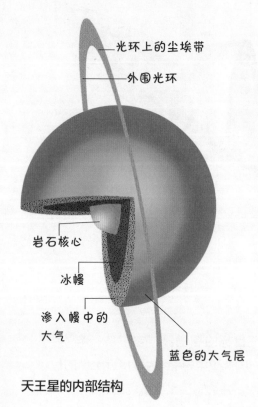

光环上的尘埃带

外围光环

岩石核心

冰幔

渗入幔中的大气

蓝色的大气层

天王星的内部结构

天王星的表面有一个由液态甲烷组成的冰冷的海洋，它使天王星看上去异常美丽。

## 奇怪的磁场

天王星的磁场比地球产生的磁场强50倍。它的磁场也是倾斜的，但却与自转轴的倾斜角度不同，与自转轴成60°的夹角。这意味着天王星虽然运行姿势奇特，但磁层的形状却是基本正常的。更奇特的是，天王星的磁场还偏离了行星中心。

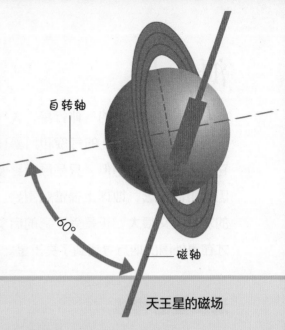

自转轴

60°

磁轴

天王星的磁场

## 倾斜的行星

天王星最突出的特点是它的侧向自转，它的自转轴倾斜角为98°，因此赤道是在垂直方向上的。这种极端倾斜同时也影响了它的光环和卫星。人们猜测，天王星的侧向运行姿势，很可能是很久之前与另一天体碰撞的结果。

## 天王星的光环

天王星的环共有11道，它们与天王星的赤道平行，但是这些环非常暗。科学家们研究认为，光环内含有某些太阳系中能观察到的最黑的物质。人们猜测，这些环很可能是由在天王星强大的引力作用下产生的卫星碎片构成的。

**天王星的卫星**

天王星有27颗卫星，有趣的是，它们都是以莎士比亚作品中的人物来命名的。

米兰达

爱丽儿

乌姆伯里厄尔

泰坦尼亚

奥伯龙

天王星和它的光环模拟图

第三章

太阳系

61

# 海王星

海王星是典型的气体行星，大气中有许多强烈紊（wěn）乱的气旋和风暴在翻滚。它与天王星极为相似，只是颜色更蓝一些，因为距离遥远，地球上很难观测到。海王星的发现意义很大，正是受了它的启发，人们才在更外围的地方寻找到了冥王星。

## 海王星的构造

海王星是一颗典型的气体行星，主要由氢、氦、甲烷（wán）和氨（ān）构成，中间有一个小小的岩石核，核外有不同状态的冰构成的幔。它发出蓝色光的原理和天王星一样，都是由于甲烷反射了太阳光，但海王星看上去比天王星要更蓝一些。

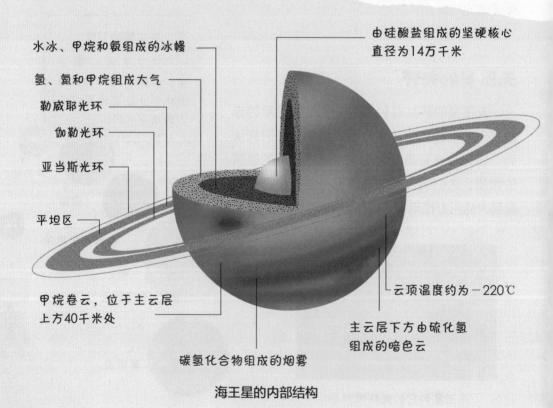

水冰、甲烷和氨组成的冰幔

氢、氦和甲烷组成大气

勒威耶光环

伽勒光环

亚当斯光环

平坦区

甲烷卷云，位于主云层上方40千米处

由硅酸盐组成的坚硬核心直径为14万千米

云顶温度约为 -220℃

主云层下方由硫化氢组成的暗色云

碳氢化合物组成的烟雾

海王星的内部结构

## 海王星的光环

海王星已知有5个光环，但非常淡薄模糊，都是由"旅行者2号"探测器发现的。由于距离遥远，迄今为止，人们仍无法确定海王星光环的物质组成。科学家们推测，它的环很可能是由冰块和岩石组成的。

## 遥远的探索者

1977年8月20日发射的"旅行者2号"是唯一对天王星和海王星进行过探测的探测器。"旅行者"计划是美国国家航空航天局继"先驱者"计划之后的又一个重大太空计划，主要是进行对大行星的探测。"旅行者2号"就是这个计划的执行者之一，它为人类立下了很大功劳，发现了海王星8颗卫星中的6颗，海卫一上的冰火山也是它发现的。

海王星的大气结构比例

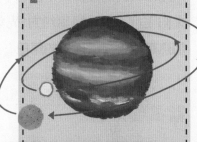

氢占85%

氦占13%

甲烷占2%

### 海王星的卫星

目前已知的海王星卫星有14颗，其中有颗个叫崔顿的卫星和其他卫星运转的方向相反。

大黑斑附近的风速达到2000千米/小时

### ·海王星的发现·

从1781年天王星被发现之后，人们便致力于寻找在天王星之外的行星。科学家根据天王星的轨道，计算出了在天王星之外应该还有一颗行星在干扰天王星的运行，然后便开始进行搜寻。1846年9月23日，德国人约翰·伽勒发现了它。

## 白色的云带

海王星的颜色比天王星深，但它表面飘浮着的"白云"使它的颜色不像天王星那样是纯蓝色的。数据显示，海王星释放的热量是它从太阳获得的能量的2.6倍，这证明它的内部有热源，很可能这些云带就是由于它内部的高温造成的。

第三章

太阳系

# 彗　星

由于彗星形状怪异、行踪不定，古代的人们常把它的出现看成是某种不祥之兆。随着科学的进步，人们才逐渐认识到，彗星其实是一种云雾状的天体。在冥王星轨道之外，存在原始太阳星云的残迹，其中含有千百亿块大冰块，每个冰块就是一颗彗星。它们绕太阳飞行，彼此距离约为1光年。少数彗星轨道离太阳比较近，靠近太阳时被加热熔化，拖出长长的尾巴，就会形成人们所熟悉的"扫帚星"的样子。

## 彗星的形成

彗星是从原始太阳星云的旋转碎片中产生的，是形成太阳和大行星的稠密星际云的一部分。它们最初是气体分子、水、二氧化碳和其他物质，后来凝聚成硅尘微粒，逐渐又凝聚成较大的粒子。天文学家希望能获得彗星样品，因为它们可能会为太阳系的形成提供有力证据。

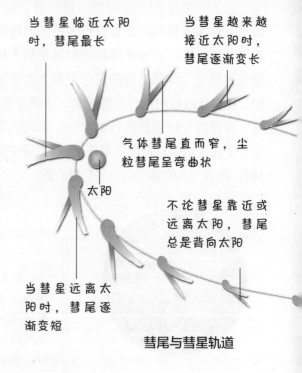

当彗星临近太阳时，彗尾最长

当彗星越来越接近太阳时，彗尾逐渐变长

气体彗尾直而窄，尘粒彗尾呈弯曲状

太阳

不论彗星靠近或远离太阳，彗尾总是背向太阳

当彗星远离太阳时，彗尾逐渐变短

**彗尾与彗星轨道**

人类登陆彗星的模拟图

## 彗星的轨道

彗星绕太阳运行的轨道是扁扁的椭圆形，因而有时距离太阳比较远，有时则比较近。因为只有靠近太阳、表面被加热后才会产生彗尾，因此彗星距离太阳越近，"尾巴"拖得就越长；反之，彗尾会变短。彗星飞离太阳后彗尾也会随之消失。

## 彗核与彗发

彗核是彗星上唯一的固体部分，是彗星的"心脏"。一般彗星的彗核直径约为20千米，当它靠近太阳被加热后，气体和尘埃就会从彗核表面喷射出来，形成一种发光云，这就是彗发。彗发环绕在彗核的周围，范围可以达到地球大小的10倍。

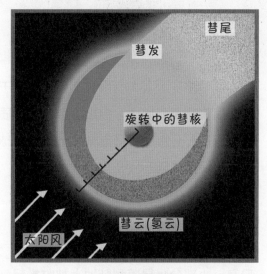

彗星结构图

## 彗　尾

彗尾由彗核释放出的气体和尘粒构成。彗星靠近太阳受热后形成了彗发，而背向太阳光的一面则形成了一道"长尾巴"，这就是彗尾。彗尾有两条，一条是笔直的气体彗尾，是被太阳风中的带电粒子吹离太阳的；一条是弯曲的尘埃彗尾，是由于太阳的光压作用而背离太阳的。

人类观察和记载彗星已有几千年的历史，但是过去人们并不了解彗星，称之为扫把星。彗星的突然出现在迷信的人眼里是不祥之兆。

## 哈雷彗星

大多数靠近太阳的彗星只能让人们看到它一次，随后就一去不复返了，但也有少数彗星会周期性地返回，其中最著名的就是哈雷彗星，它是以天文学家哈雷的名字命名的，每隔76年就会返回一次。它的上一次回归时间是1986年，人类也正是借这个机会获得了关于彗星的详细资料。

哈雷彗星

# 陨星和流星

流星体在进入大气层时，大多数由于与大气层强烈摩擦产生热量而燃烧殆尽，消失在大气层中，但极少数体积、质量较大的，在经过与地球大气剧烈摩擦后未能充分燃尽，最后就会坠落到地球表面，人们称之为陨星，也就是通常我们所说的"陨石"。

## 陨星的坠落

每年大概有3000块陨星坠落到地球，大部分陨星掉进海里，人们不曾见到，只有一小部分陨星落到陆地上被收集起来。大多数落在地面的陨星只有拳头大小，因为体积稍大的就会在空中爆炸碎裂。

## 陨星的种类

落在地面的陨星，根据其构成成分一般可以分成两类，石质的叫作陨石，铁质的叫作陨铁。陨石的数量要远远大于陨铁，落在地球表面的陨星中，90%以上都是陨石。而最罕见的则是陨铁石，它既含有岩石又含有金属，数量仅占坠落的陨星总数的1%。

陨星在降落的过程中爆裂并在与大气层的摩擦中燃烧

当陨星与地球发生撞击的时候，地球外层的岩石被撞得粉碎

**陨石坑的形成示意图**

在高温和高压的条件下，陨星发生了爆炸，将地球的表面炸开一个坑

当陨星撞入地球时，冲击波沿地球表面传播开来

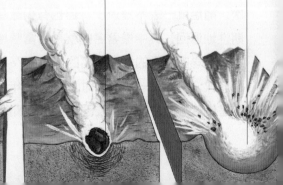

## 巨大的陨石坑

虽说陨星们大多个子不大,可是也有例外,1891年,人们在美国亚利桑那州的巴林杰发现了一个直径为1280米、深180米的巨大坑穴。这个陨石坑形成于2.7万年前,是一个重2.2万多吨的陨石以5.8万千米的时速坠落在地球时冲撞而成的。

陨石

这些巨大的陨石坑是千万年前陨石撞击地球留下的痕迹。

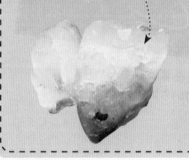

陨冰是近年来所发现的除陨石、陨铁、陨铁石之外的第四类陨星。科学家认为,陨冰很可能是彗星的彗核部分的碎块。

坠落的陨星如果体积稍大,就可能造成灾难。一个直径30米的陨星坠落到地球上,就可以砸出一个直径约1千米的陨石坑。

太阳系

美丽壮观的流星雨

火流星仿佛是一个光耀夺目的大火球。

## 流星

每天从外太空闯入地球大气层的尘埃颗粒和岩石碎块数以千计，它们有的来自小行星或行星的表面，有的来自彗星。进入大气层后，这些物质与大气产生剧烈的碰撞和摩擦，继而在天空划出一道美丽的痕迹，这就是流星现象。据统计，每年进入地球大气层的星际物质大约有28000吨，但大部分在落到地面之前就燃烧尽了。

## 流星雨

当地球和彗尾中的尘粒相撞时，往往会出现一大群流星，非常美丽，这就是流星雨。流星雨一般用其辐射点所在的星座命名。流星雨一般都在天空的某个特定区域发生，如2008年12月7日到16日，有一场双子座流星雨。

## 火流星

火流星是亮度在−3等以上，质量在5克以上的大流星。它因形似火球而得名。火流星因为母体较大，所以常可进入大气底层甚至成为陨星，更大的火流星还伴有声响，以至在白天也可见。一些特大的火流星可能是小行星或彗星的残骸造成的。

流星雨模拟图

# 小行星

在太阳系中，除了"正式"的八大行星以外，还存在着上百万颗肉眼看不见的小天体，就像空气中的尘埃在茫茫的宇宙中沿着椭圆轨道不停地围绕太阳公转。与八大行星相比，它们就像是微不足道的碎石头，大的直径几百千米，小的仅是一颗尘粒，这些围绕着太阳运转但体积微小的小天体，就被称为小行星。

伽斯普拉星

## 小行星的来历

小行星们的来历大致分成两类，体积较大的，形成方式和大行星相同；体积较小的则很可能是太阳系形成时的残留物质。还有一种可能，就是两颗较大的小行星碰撞后的碎片。太阳系的大多数小行星分布在火星与木星间的小行星带上，其余则有各自的轨道。从1801年第一颗小行星被发现至今，有编号命名的小行星已经超过了10000颗。

## 小行星的命名

按照国际上的惯例，每颗小行星都以其被发现的次序进行编号，此外，它们还有自己独特的名字。现在已命名的小行星中，98%是以女神、王后、仙女、女英雄的名字命名的，有时人们也用历史名人的名字来命名小行星，像英国的披头士乐队，每个成员各有一颗以其名字命名的小行星，"哥伦比亚号"航天飞机上罹（lí）难的7位宇航员的名字也用来命名小行星。

---

### ·小行星间的碰撞·

太阳系中的众行星形成时，现在的小行星带中的物质也形成了约640颗岩石天体。它们相互碰撞、碎裂，导致了更多小行星的产生。

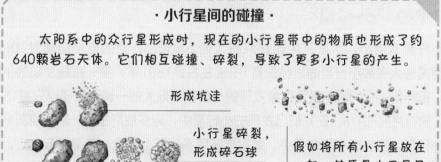

形成坑洼

小行星碎裂，形成碎石球

形成尘埃流

假如将所有小行星放在一起，其质量也只是月球质量的15%。

## 小行星带

18世纪时，天文学家们就相信在火星与木星之间存在一个不为人知的神秘世界，它就是现在著名的小行星带。太阳系大多数小行星都聚集在这个区域。据推测，它形成的时间很可能是与太阳系同步的，在这个位置上的岩石碎块和尘埃本来可以形成一颗行星，但由于木星巨大引力的干扰，它们最终没能聚合，而是形成了小行星带。

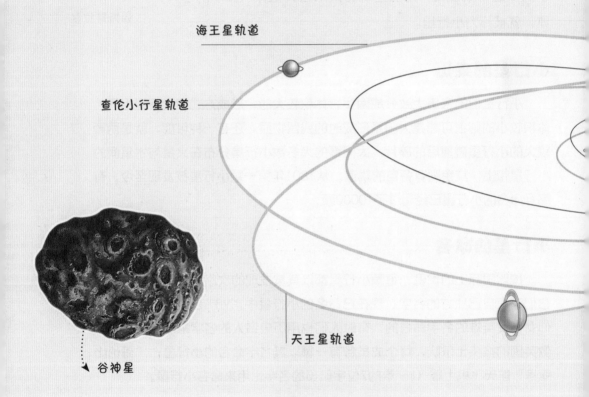

海王星轨道

查伦小行星轨道

天王星轨道

谷神星

## 宇宙中的"小人国"

小行星非常小，太阳系中也许只有大约200颗小行星的直径能超过100千米，而其他大多数小行星的直径仅有1千米左右。1801年，第一颗被发现的小行星——谷神星，它同时也是迄今被发现的小行星中最大的一颗，直径也只有1000千米，只有月亮的1/6。在我们已发现的小行星中，阿多尼斯是第一颗被观测到的近地小行星，它的表面引力很小。如果你在阿多尼斯上散步，可得千万小心，只要轻轻一跳，你就会成为飞人，腾云驾雾般一去不复返。这些体积不等的小人国的居民，外貌奇特，形状也极不规则，而且表面布满了撞击产生的环形山。

## 近地小行星

沿靠近地球的轨道运行的小行星有三群，分别是阿波罗、爱神和阿滕小行星群。同一群中的所有小行星都沿着同样的轨道运行。爱神小行星群在地球与火星的轨道之间运行，阿波罗小行星群的运行轨道正好穿过地球的轨道，而阿滕小行星群则位于地球轨道内。

艺术家笔下的近地小行星

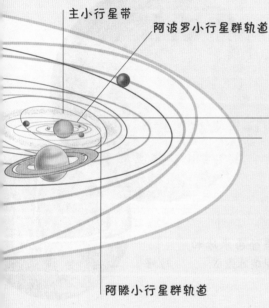

主小行星带

阿波罗小行星群轨道

小行星带

爱神小行星群轨道

伊达尔哥小行星轨道

阿滕小行星群轨道

小行星坠落地球的模拟图

## 天地大冲撞

现已观测到的近127万颗小行星，绝大多数(约占90%)都聚集在宽阔的小行星带区，它们不停地环绕太阳运转，"安分守己"，对地球没有任何威胁。但也有个别小行星易受大行星引力、摄动的影响而偏离原来运行的轨道，可能会冲向地球轨道来"拼命"。大约6500万前，一颗体积巨大的小行星与地球相撞，引起大爆炸，致使在墨西哥的尤卡坦半岛附近形成了一个直径为200千米的巨大陨石坑。

# 被"抛弃"的冥王星

冥王星发现于1930年，它在远离太阳59亿千米的太空中运行，被列入大行星，成为九大行星之一。根据2006年国际天文联合会的决议，将冥王星划为矮行星，从大行星中除名。

## 冥王星的构造

冥王星的构造和太阳系的八大行星不同，它是一个岩石行星，因为天文学家们推测：冥王星转动速度较慢，无法与其他气体行星的速度相比，因而不具备它们那样捕捉气体的能力，所以直至今天还只有一个岩石的核，表面是一层冰冻的甲烷，甲烷之下可能有一个水冰层。

由甲烷和氮组成的稀薄大气

表面由水冰和甲烷冰组成

冰幔

**冥王星的内部结构**

核心由岩石组成，也许还有水冰

**冥王星的表面**

冥王星的表面覆盖着一些固体氮以及少量冰冻的甲烷和一氧化碳，冰冷暗淡。即使是在中午，其表面温度也只有−223℃。

## 冥王星的位置

冥王星与太阳的平均距离几乎是地球与太阳平均距离的40倍。它的体积比许多其他行星的卫星还要小得多，再加上它的公转轨道非常特别，使很多人怀疑它本来就不是行星，而只是海王星逃逸的一颗卫星。

## 冥王星的发现

冥王星和海王星一样，也是被科学家"计算"出来的。海王星被发现之后，科学家发现它的存在并不足以将天王星轨道干扰成现在的样子，于是推断出另一颗行星的存在。1930年1月，美国人汤博在比较摄影底片时，发现了冥王星。人们当时错估了冥王星的质量，以为它比地球还大，因此将它列入大行星，成为九大行星之一。

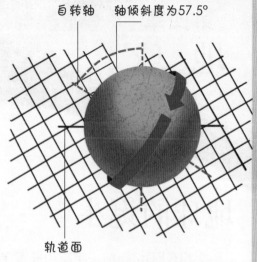

冥王星的自转示意图

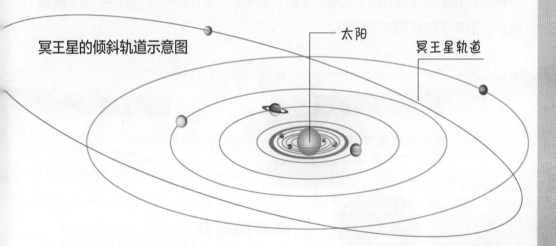

冥王星的倾斜轨道示意图

## 冥卫一——卡戎

目前科学家仅发现了冥王星的一颗卫星——冥卫一。人们将它称为"卡戎"，是希腊神话中在冥河上摆渡的船夫，正好与孤独的冥王星为伴。它的直径大约是1150千米，密度比冥王星小，体积几乎有冥王星的一半大。

## 最密切的双星系统

冥王星和它的卫星的相互作用力非常大，卡戎的公转周期与冥王星的自转周期相同，都是6.38地球日，这就使得冥王星与卡戎在旋转时，总是将同一面面向对方，也就是说，你只能站在冥王星特定的一面才能看到卡戎。

# 地球的诞生

大约在50亿年前，宇宙中充满了气体和尘埃。后来一部分气体和尘埃聚集在一起，形成了太阳。约46亿年前，遗散在太阳周围的气体和尘埃又聚集起来，形成了地球和其他行星。

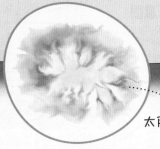

太阳的形成

正在形成的地球被宇宙气体包围着

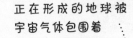

## 陆地的形成

地球刚形成时，是一个灼热的巨大岩石球，就像烧红的烙铁。在最初的数亿年间，原始地球的地壳较薄，小天体不断撞击造成地球内部熔岩上升，地震和火山喷发随处可见。

地球内部蕴藏着大量气泡，在火山喷发过程中升起形成云状的大气。到了距今今约8亿年至2.1亿年，地球上出现大片相连的陆地，早期的大陆便形成了。

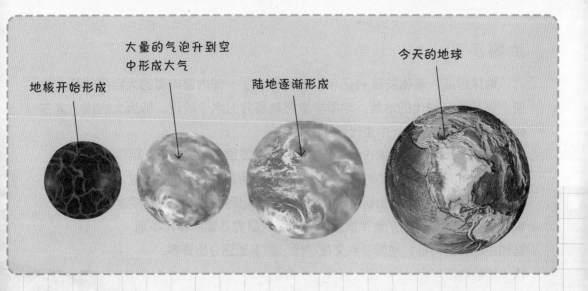

地核开始形成

大量的气泡升到空中形成大气

陆地逐渐形成

今天的地球

## 海洋的形成

在大气圈形成之后，地球表面温度逐渐降低，当低于100℃时，弥漫在大气层中的水蒸气开始凝结成雨，不断地降落到地球上，流向地势低的地方，日积月累，逐渐形成了原始的海洋和湖泊。地球上最早的生命物质就是从原始海洋中萌发的。最初的海水是缺氧和呈酸性的。

海洋形成过程

火山喷发出灼热的气体和水蒸气构成了地球早期的大气。

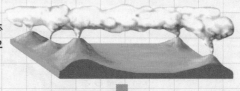

早期大气中的水蒸气凝成雨水。雨水灌满地球上广阔的凹地。

这些巨大的凹地被水淹没，形成了今天的海洋。

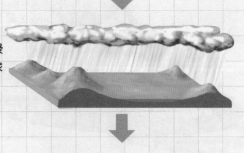

第四章

地球

75

# 地质年代

地球形成、演化发展46亿年以来，留下了一部内容丰富的大自然的巨大史册，这就是各时代的地层。地质学家把地层分为六个阶段，即远太古代、太古代、元古代、古生代、中生代和新生代。

其中，远太古代、太古代、元古代是地球发展的初期阶段，距今时间最远，经历时间也最长，当时的生物处于发展和孕育阶段；古生代时，海洋生物已经相当多；中生代和新生代，像恐龙、始祖鸟、鱼类等动物相继出现，地球生物界出现了繁荣景象。为了深入研究各地质年代中地层和生物界的特征，地质学家又在"代"的下面划分出许多次一级的地质年代——"纪"。

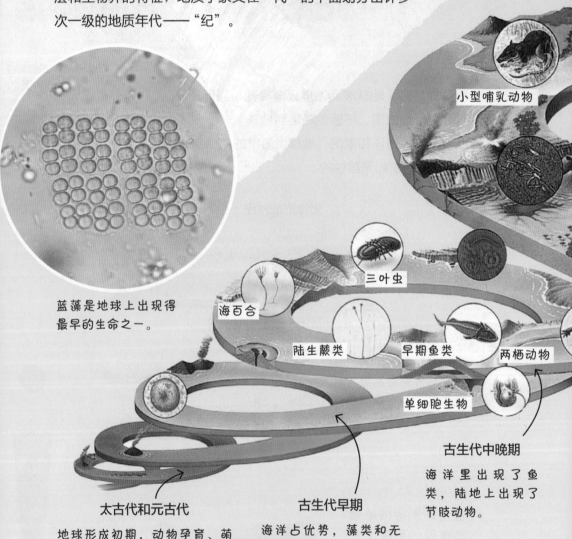

蓝藻是地球上出现得最早的生命之一。

小型哺乳动物

三叶虫

海百合

陆生蕨类

早期鱼类

两栖动物

单细胞生物

**古生代中晚期**

海洋里出现了鱼类，陆地上出现了节肢动物。

**太古代和元古代**

地球形成初期，动物孕育、萌芽的最初阶段。

**古生代早期**

海洋占优势，藻类和无脊椎动物繁盛。

| 地质年代图表 | | |
|---|---|---|
| 代 | 纪 | 距今年代（亿年） |
| 新生代 | 第四纪 | 0.03～0.02 |
| | 第三纪 | 0.7～0.25 |
| 中生代 | 白垩（è）纪、侏罗纪、三叠纪 | 2.5～1.4 |
| 古生代 | 二叠纪、石炭纪 | 3.3～2.85 |
| | 泥盆纪 | 4 |
| | 志留纪、奥陶纪、寒武纪 | 6～4.4 |
| 元古代 | 震旦纪 | 25～9 |
| 太古代 | | 38 |
| 远太古代 | | 46 |

裸子植物

始祖鸟

恐龙

海洋爬行动物

### 中生代

这一时期的侏（zhū）罗纪是恐龙的天下，侏罗纪晚期出现始祖鸟。

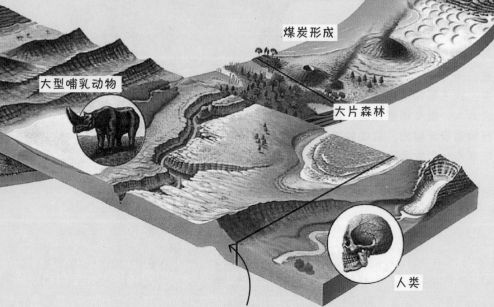

煤炭形成

大型哺乳动物

大片森林

人类

### 新生代

哺乳动物大量出现，灵长目动物也出现了。

# 从太空看地球

从太空看，地球是一个两极稍扁，赤道略鼓的球体。地球被一层浓厚的大气包围着，表面有山川、海洋、岛屿。

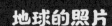

## 地球的照片

人造卫星上有各种先进的科学设备，可在太空对地球进行观测和拍摄，并把照片传给地面接收站，让我们更了解自己生存的星球。人造卫星不停地绕地球转，100分钟左右就绕地球1周，18天左右就能把整个地球观测一遍。

### ·地球的特性·

地球上的温度不太冷也不太热，存在液态水，质量体积适中，大气层使地球的昼夜温差不会太大，氧气浓度适宜，地球运行轨道安全稳定。这些特性使地球成为一个生命的乐园。

## 深入了解

借助人造卫星，人类可以对地球上一些自然条件极端恶劣的地区，如浩瀚的海洋、广阔的沙漠、难以进入的高山、高原等地区的情况进行深入地了解。例如，科学家利用卫星影像，轻松找到了青藏高原上所有的湖泊，并把它们精确地画在了地图上。

## 名副其实的水球

地球曾被叫作水球，因为在地球表面，海洋面积大于陆地面积，约占地球总面积的71%；陆地约占地球总面积的29%。在太空中看地球，地球基本上被彼此相连的海洋包围着，而那些大陆则像漂浮在海洋中的岛屿。

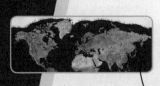

### 陆半球

北半球集中了地球上的大部分陆地，被称为陆半球。

### 陆地

陆地上分布着河流、山脉、平原、高原等。

### 海洋

海洋分为洋、海和海峡，生存着各种各样的生物。

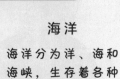

### 水半球

南半球大部分被海洋占据，被称为水半球。

## 地球有多大

地球是一个相当大的球体，表面总面积约为5.1亿平方千米。如果飞机按800千米/小时的速度飞行，沿着赤道飞行一圈需要50多个小时，要连续飞行两天多。

第四章

地球

# 地球的结构

地球由内部圈层和外部圈层两部分构成。内部圈层由地壳、地幔和地核组成；外部圈层包括大气圈、水圈和生物圈。

铁镍组成直径约2400千米的固体内核

外地核厚度约2200千米。

## 地核

地核分为外地核、过渡层和内地核。外地核由铁和镍（niè）组成，也可能还含有其他物质。外地核温度非常高，以至于它的金属总是熔化状态的，它也是地球唯一的一个液态圈层。过渡层的物质处于由液态向固态的过渡状态。内地核则是固态的，它的压力非常大，所以虽然温度达到了3700℃，但仍然不会熔化。

地球内部的温度非常高，足以使岩石熔化，形成岩浆。

## 地幔（màn）

地幔是地壳与地核之间的中间层，分为上地幔和下地幔。地幔层温度高达1000～2000℃，地幔的上层被称为"软流层"，坚硬的地壳就浮在软流层上。一旦地壳的较薄地段发生裂缝，灼热的岩浆就会沿裂缝喷出，造成火山爆发。

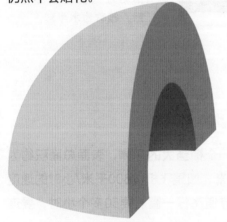

地幔厚度约2900千米。

# 地 壳（qiào）

地壳是地球表面最外面一个薄薄的壳层，漂浮在地幔上。地壳的厚度在各地是不同的。大陆下面的地壳最厚，海底的地壳最薄。

地壳在不断地运动变化着，如大陆漂移、火山爆发、地震等都是其表现形式。地壳还受到大气圈、水圈和生物圈的影响，形成不同形态的地壳表面。

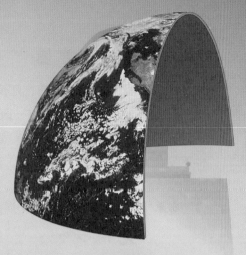

地壳厚度约6~40千米。

## 地球的构造元素

地球构造的元素种类繁多。地壳分上下层结构，上层主要由花岗岩组成，硅和铝是其主要成分；下层主要由玄武岩组成，主要成分是镁、铁、硅。地核中则多事铁、镍等较重的金属。

大气厚度约500千米。

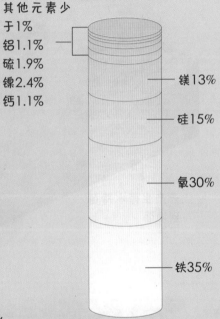

其他元素少于1%

铝1.1%
硫1.9%
镍2.4%
钙1.1%

镁13%

硅15%

氧30%

铁35%

地球构造的元素丰度

## 厚厚的外衣

包围在地球四周的空气就是大气层，它如同地球的外衣，能抵御来自宇宙的酷暑和严寒，使地球的"体温"变化不致过于剧烈，呵护着地球上的生物免受伤害。离地面越高空气越稀薄，人类就居住在这层大气的底部。空气中有许多种气体，其中最重要的是氧气，地球上的生物都离不开它。

第四章

地球

## 生命的摇篮——水圈

地球水圈由海洋、湖泊、江河、沼泽、地下水和冰川等液态水和固态水组成。在太阳照射下，地球水圈一直处在不断的循环运动之中。海洋和陆地上的水在阳光照射下温度升高，变成水蒸气升入空中，成为大气水；大气水在适宜的条件下又会凝结降落到地面或海洋。这种循环往复使得地球表面万物生机勃勃。

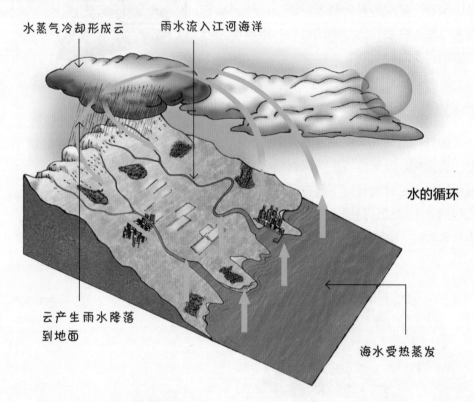

水蒸气冷却形成云

雨水流入江河海洋

水的循环

云产生雨水降落到地面

海水受热蒸发

## 生物圈

生物圈是为地球上各种生物提供生存环境的特殊圈层，也是人类诞生和生存的空间。具体来讲，植物或动物个体生活在一起叫群落，若干个种群一起构成群落，若干个群落一起构成了生态系统。拥有相同气候的生态系统组成了生物群落区，所有的生物群落区共同构成了生物圈。

# 地球的运动

站在地球上，感觉它似乎是稳定不动的，其实作为太阳系的八大行星之一，地球也在不断地运动着。像其他同伴那样，地球的运动同样具有自转和公转两种形式。

## 自 转

地球会绕着自己的地轴不停地自转，自转一圈需要大约24小时（精确时间应为23小时56分58秒），称为一个"地球日"，也就是我们通常所说的"一天"。由于地球是自西向东方向自转的，因此我们每天看到的太阳都是从东边升起，从西边落下。

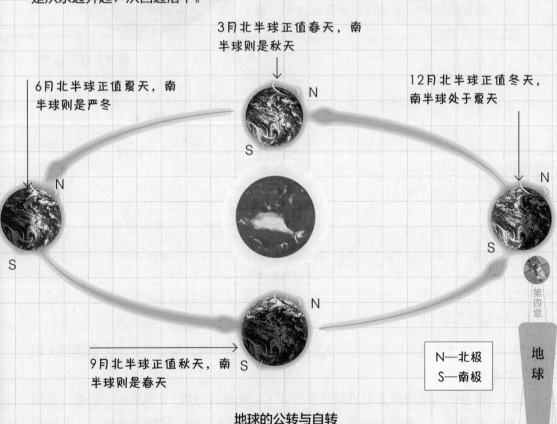

6月北半球正值夏天，南半球则是严冬

3月北半球正值春天，南半球则是秋天

12月北半球正值冬天，南半球处于夏天

9月北半球正值秋天，南半球则是春天

N—北极
S—南极

地球的公转与自转

## 公 转

地球一边自转，一边还在绕着太阳公转。地球公转与地球自身的倾斜，形成了四季变化。在地球绕太阳公转一圈的过程中，南北半球接受太阳的辐射及热量在不断发生变化，产生了冷暖交替的循环。世界各地四季到来的早晚和时间长短有较大差异，只有在温带才有比较明显的四季更替。

## 白天和黑夜

地球自转时，总是半面对着太阳，半面背着太阳。对着太阳的半面接受太阳照射，就是白天；背着太阳的半面受不到太阳的照射，就是黑夜。

自转使地球产生了昼夜的更替，而且由于自转周期适中，使地球白天不会过热，夜晚也不会过冷。

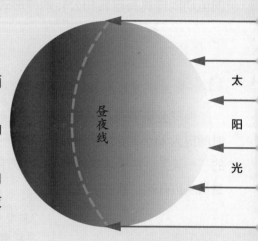

**昼夜形成示意图**

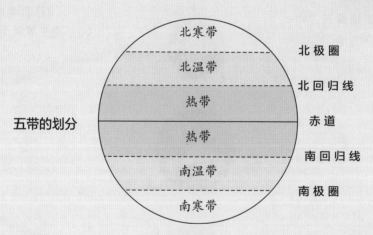

## 地球的五带

在地球纬度不同的地方，太阳照射的角度不一样，使得各个地方获得的太阳热量有多有少。

按各个区域获得太阳热量的多少，人们把地球分为5个气候带：热带、北温带、南温带、北寒带和南寒带。热带与南、北温带的分界线分别是南、北回归线；温带与寒带的分界线分别是南、北极圈。

春

夏

秋

冬

# 一年四季

随着地球一年绕太阳转一圈，地面上出现了四季的变化。夏季是白昼最长、太阳最高的季节，冬季则相反，春、秋属于过渡季节。

由于地球不停地公转，春、夏、秋、冬四季便交替不断出现。不过，北温带和南温带地区，四季的出现正好相反，当北温带的人们正穿着大棉袄的时候，南温带的人们却在海滨浴场避暑呢！

全球范围内也不是所有地方都有四季。在赤道和极地，只有夏季和冬季，有些地方一年中也许只有两季、三季。

南极与热带之间的地区四季分明

北半球背离太阳倾斜时处于冬季

赤道地区日照最充分

南半球的夏季

季节分布图

# 解密地球三次大冰期

在地球演变发展的历史中，发生了全球范围的气温剧烈下降，冰川大面积覆盖大陆，地球非常寒冷，我们把这段时期称为大冰期。这是根据地层中发育的冰碛层而确定的。在地球的历史上，曾发生过距今较近的三次大冰期，即震旦纪大冰期、石炭－二叠纪大冰期和第四纪大冰期。

## 两次大冰期

在距今7亿～9.5亿年前，当时地球上的许多地方都覆盖着厚厚的冰层，最厚的冰层达到几百米甚至上千米，这就是震旦纪大冰期。石炭－二叠纪大冰期约出现在距今2亿多年前。在现在南美和非洲的一些地方，还可以看到当年冰川活动留下的痕迹。

成堆的冰雪
缓慢滑动。

## 第四纪大冰期

第四纪大冰期出现在200万年前，持续时间较长，还出现了温度相对较高的温暖期，即间冰期。冰河期间，在赤道非洲的许多高山上，都有规模很大的冰川活动。当冰河期结束后，间冰期开始了，这时整个地球气温开始回升，冰雪慢慢消融，低纬度的植物重新泛起新绿，树林中的动物开始慢慢活动起来了。

植物泛出了新绿，
出现了整片森林。

## 冰蚀作用

冰蚀作用就是冰川和冰川携带的岩石碎块在冰川运动中对于地面进行的破坏作用。冰斗、角峰、冰川槽谷等地貌都是冰蚀作用的结果。

冰蚀前"V"形的山谷被河流侵蚀得十分陡峭。

冰蚀后"V"形河道被沿河道而下的冰川侵蚀成"U"形。

# 冰 川

冰川是地表上长期存在并能自行运动的天然冰体。它是由多年积累起来的大气固体降水在重力作用下，经过一系列变质成冰过程形成的。冰川有两种形式，一种叫作大陆冰川，如南极冰川和格陵兰冰川；另一种是山岳冰川。冰川以它巨大的能量塑造了独特的冰川地貌景观。

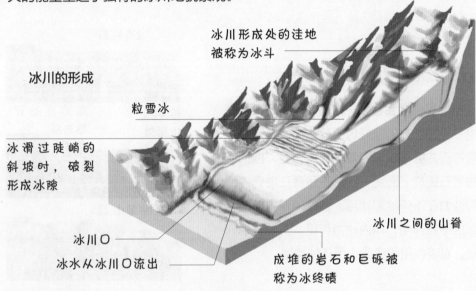

**冰川的形成**

冰川形成处的洼地被称为冰斗

粒雪冰

冰滑过陡峭的斜坡时，破裂形成冰隙

冰川之间的山脊

冰川口

冰水从冰川口流出

成堆的岩石和巨砾被称为冰终碛

南极大陆永久地被冰封雪盖，因此被人称为白色沙漠。

## 山谷冰川和极地冰川

新雪降落到地面后，经过一个消融季节而未融化的雪叫粒雪冰。当粒雪冰进一步形成冰川冰后，在重力作用下，沿着山坡慢慢流下，就形成了山谷冰川。极地冰川在地球的南极和北极地区，冰川大量集结在大陆地区，形成冰冠或冰盖。南、北极的两大冰盖分别位于南极洲和格陵兰岛，这两处地方聚集了全球淡水总量的90%左右。

### 冰川的移动

冰川也是在不断移动的，但它运动的速度，平均每天不过几厘米，最多的也不超过几米，肉眼根本看不出冰川是在运动着的。

# 不停变化的地球

地球一直处在不停地变化中，自从地球诞生一直到今天的漫长时间里，已经发生了巨大的变化。地球上的岩石能变成各种形状，庞大的山体能被瓦解，浩渺的海洋中会升起高山。

## 移山填海的力量

自然界中常会看见一堵高大的石壁在你面前排空直立。它们就好像柔软的面团，被揉搓成弯弯曲曲的形状。究竟是什么力量，能把坚硬的岩石搓成"面团"？这是孕育在地壳内部的构造力在不停地起作用。这种地球内部能量引起的地质作用，叫内动力作用，主要有地壳运动、岩浆作用和变质作用几种类型。

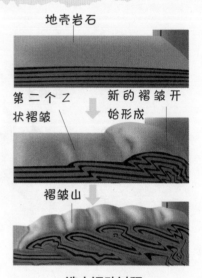

地壳岩石

第二个Z状褶皱　新的褶皱开始形成

褶皱山

造山运动过程

## 地壳运动

地壳运动包括水平运动、垂直运动、褶（zhě）皱、断裂及伴随而产生的地震，岩浆作用中的火山喷发。地壳运动一般是在神不知鬼不觉的情况下进行的，但有时候会非常剧烈，造山运动就是其剧烈的表现形式之一。如北京的燕山地带在1亿多年前还是海洋，经过剧烈的造山运动，变成了雄伟的高山。

地壳运动塑造出多姿多彩的地表形态。

## 大海的诞生

东非大裂谷，南起印度洋海岸，向北一直到西亚的死海一带，全长6000余千米。科学家经过深入考察这个地球上数一数二的自然奇观，发现这里地壳下面的地幔正在不停地往上涌，使地壳变薄并推动着两侧地壳不断地向两侧裂开。据推算，近200万年来，平均每年要向外扩展2～4厘米。随着裂谷的扩展，裂开的部分就会变成海洋，红海就是这样形成的。这是大海诞生的一个典型的例子。

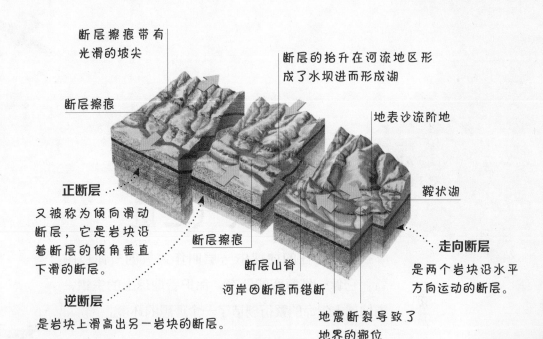

断层擦痕带有光滑的坡尖

断层擦痕

断层的抬升在河流地区形成了水坝进而形成湖

地表沙流阶地

**正断层**

又被称为倾向滑动断层，它是岩块沿着断层的倾角垂直下滑的断层。

断层擦痕

断层山脊

河岸因断层而错断

鞍状湖

**走向断层**

是两个岩块沿水平方向运动的断层。

**逆断层**

是岩块上滑高出另一岩块的断层。

地震断裂导致了地界的挪位

断层的形成

## 会移动的断层

圣安德烈斯断层

断层是常见的断裂构造，它是由两岩块沿破裂面发生显著相对位移形成的。最著名的是美国的圣安德烈斯断层，它纵贯北美洲西部沿海，并且深入到太平洋中。它的形成是太平洋板块在上面擦过北美板块造成的。这个断层处在不停地运动中，在大多数情况下，断层的移动很慢。

## 不断变动的海岸线

近300万年以来，海岸线起码发生过三次全球性的大变动。有时，海水慢慢退去，海面以下的大片土地变为陆地；有时，海水又渐渐涨上来，使沿海大片土地沦为沧海。导致海面这种大幅度的升降有三个原因：一是气候的变迁和冰川的进退，二是地壳的升降运动，三是河流的泥沙淤积，在一些大河入海口，常常因为河流带来大量泥沙，淤积成宽阔的三角洲。

外逸层

# 看不见的大气之谜

我们居住的地球由一层叫作大气的气体包围着。它像一件厚实的外衣，保护着地球上的生物，为地球上生命的繁衍创造了一个理想的环境。

## 大气圈的分层

大气由下而上分为对流层、平流层、中间层、暖层和外逸层5层。对流层也称气象层，因为风雨雷电等天气现象都汇集在这里。平流层气流平缓，适合飞机飞行；中间层气温低，能反射地面发出的无线电波；暖层是最热的一层；外逸层位于大气圈的顶层，那里空气非常稀薄。

## 大气成分

大气的成分十分复杂，有氧气、氮气、氢气、二氧化碳、氦气、臭氧等气体，其中氧气和氮气所占比重最大。此外，大气层中还有一定数量的水和尘埃物质。

## 乘热气球的发现

英国气球飞行器驾驶员詹姆斯·格莱舍最初就是借热气球对大气圈进行研究的。他和同伴乘气球升到对流层，发现升得越高，气温就越低。热气球本身并没有水平动力系统，飞行速度完全取决于风速。但是驾驶员可以根据飞行需要的方向选择适当的高度，到达目的地。

暖层

中间层

平流层

对流层，也称气象层

## 向上看

大气是地球美丽的外衣，厚厚的大气层，挡住了宇宙中许多"流浪"的小陨石，使地球没有像月球那样被撞得体无完肤。自地球表面向上，大气层延伸得很高，随着高度的增加，空气逐渐变得稀薄。而且只有对流层是唯一生物可以生长的一层。

### 万物复苏

从气象角度说，连续5天日平均气温在10～22℃之间，从第一天算起就进入了春季。万物开始复苏。

### 盛夏美景

夏季是一年中白昼最长、太阳高度最高、气温最高的季节。北半球处在盛夏之时，南半球则到了严冬时节。

### 金秋时节

秋季的日平均温度是10～22℃。这时树叶开始凋落，瓜果却成熟了。

### 白雪皑皑（ái）

日平均气温低于10℃的时候就进入了冬季。冬季是一年中白昼最短的季节。

第四章

地球

# 形形色色的气候

气候是指某一地区多年的天气状况，它是一种复杂的自然现象。气候与人类社会有密切关系，农业以及人的衣食住行都无不受到气候的影响。

## 影响气候的因素

任一地区的气候主要取决于它的地理位置。靠近赤道的地区气候炎热，远离赤道的地区气候寒冷。距离海洋的远近和海拔也是影响气候的因素。气候学家绘制了气候分布图，用棕红色表示0℃等温线，随着色彩逐渐变绿，表示气温逐渐寒冷。

## 气候的分类

气候可分为大气候、中气候和小气候。大气候是指全世界和大区域的气候，如热带雨林气候；中气候是指较小自然区域的气候，如山地气候；小气候是指更小范围的气候，如一个山头或一个谷地。人们把地球划出了几个基本的气候带。

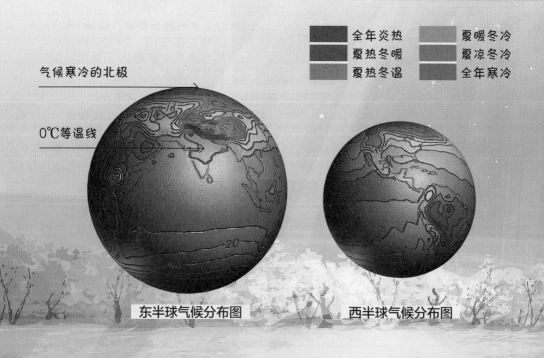

全年炎热　　夏暖冬冷
夏热冬暖　　夏凉冬冷
夏热冬温　　全年寒冷

气候寒冷的北极

0℃等温线

东半球气候分布图　　　　　西半球气候分布图

## 热带气候区

热带气候的特点是全年高温，降雨量很大。南纬25度和北纬24度之间是热带气候区。在赤道附近的热带气候区，一年四季的降雨量是基本相同的。再往南或是往北，降雨则大多集中在雨季。世界上大约一半的人口生活在热带气候区。热带雨林是热带气候区独具特色的自然植被景观。

## 沙漠气候区

沙漠气候出现在沙漠和半沙漠地区，主要特点就是降雨稀少、气候干旱；多风沙天气；冬季寒冷、夏季酷热；昼夜温差很大，白天炎热难耐，到了晚间却颇为寒冷。在沙漠气候的环境中，生活着一些适应干旱条件的动植物，如骆驼、沙鼠、仙人掌、胡杨、沙枣等。

## 温带气候区

温带气候就像它的名字一样，气温宜人，雨量适中，冬冷夏热，四季分明。中国大部分地区都属于温带气候。

温带气候是世界上分布最为广泛的气候类型，从而为生物界创造良好的气候环境，形成了丰富多彩的动植物界。

北极地区因纽特人的拱形圆顶小冰屋

东南亚湿热地区由支柱撑起的浮脚楼

北非地区的居民漆成白色的小房子

欧洲瑞士人的斜顶小屋

**温带气候区**

温带地区全年都可能有雨，夏季不太热，冬季不太冷。

**沙漠气候区**

沙漠地区通常万里无云，阳光灼热，地面的沙石能达到 60~70℃。

极地地区
山地地区
温带地区
热带地区
沙漠地区

## 极地气候区

人们把南北极圈以内的气候，称为极地气候。极地气候区的主要特点就是终年严寒、无明显的四季更替变化。

但是北极和南极的情况还不一样。北极地区降水虽然少，但地面蒸发少，所以相对湿度较大。这里虽然寒冷，仍有因纽特人在此生活；南极地区比北极寒冷得多，科学家曾在这里测到了-89.2℃的低温。因为南极特别寒冷，除各国在此设立考察站外，无人居住。

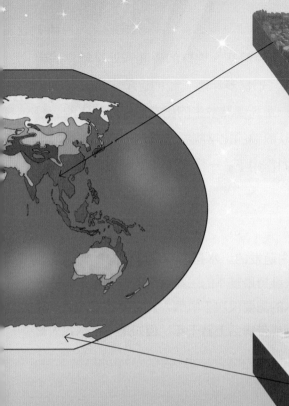

**热带气候区**

高温、多雨和生长茂盛的热
带草木使得热带气候区十分
潮湿。

**极地气候区**

气温低，终年刮着变幻莫测的
强风，冰雪终年不化。

## 小气候

　　大范围地区有自己的气候特征，小范围地区同样也可能有自己的特殊气候，这就称作"小气候"，例如在热岛效应下，世界上的大多数城市温度总比城外温度高，这就形成了城市小气候，此外还有诸如森林小气候、水库小气候等。

　　小气候的垂直变化和日变化都很显著，人类在无法改变大气候的时候，设法调节小气候还是有可能的。

# 生命的起源

　　地球这颗行星大约形成于46亿年前，起初，地球的表面到处是熔化的岩浆，后来，渐渐冷却，形成液态的水。35亿多年前，我们这个星球就在水中出现了生命。科学家认为生命是通过一系列偶然发生的化学反应而产生的。经过几百万年之久，这些化学反应终于从简单的化学物质缓慢地形成了生命体。在水、温度、空气、阳光等条件的合力作用下，一个个生命就诞生了。

## 生命之源——水

　　地球上的生命最初是在原始海洋中萌发的。水是所有生命体的重要组成部分。不论是动物还是植物，都是用水来维持最基本的生命活动的。水是生命的源泉，是人类必需的营养素之一。人对水的需要仅次于氧气，人如果不摄入某一种维生素或矿物质，也许还能继续活几周或带病活上若干年，但如果没有水，人却只能活几天。

## 美丽世界的创造者——温度

　　温度是生命存在的一个重要条件。宇宙中各行星的冷热不同，决定着生命的存在与否。如果人类要到太阳上去，还没到达早已化为灰了；如果人类要到阴冷的冥王星去，恐怕人的第一次呼吸还没完成就早已在寒冷的温度中冻成了冰块。只有在适宜的温度下，化学反应才能正常进行物质分解或重组，才有了今天这个美丽的世界：山川、河流、绿树、红花……

一个充满生命的世界

远山青翠碧绿

长颈鹿啃食金合欢树叶

适宜的气候使植物生长茂盛

斑马以草为食

## 生命赖以生存的空气

　　地球周围的空气，是生命最主要的赖以生存的要素之一，与人类的生活息息相关。自然界动植物的生命活动都离不开空气。假如没有空气，我们的地球上将是一片荒芜的沙漠，没有一丝生机。绿色植物利用空气中的二氧化碳、阳光和水合成营养物质，在此过程中，氧气被释放出来，人类和其他动物呼吸空气来获取氧气，维持生命。

## 普照万物的阳光

　　光是地球生命的来源之一。太阳光是最重要的自然光源，它普照大地，使整个世界姹（chà）紫嫣（yān）红、五彩缤纷。地球上各地获得太阳光的多少各不一样。如撒哈拉大沙漠东部阳光最多，那里年平均日照时数达4300小时。而北极地区获得的太阳光最少，一年中有100多天不见太阳。太阳虽然距离地球遥远，但每秒钟到达地面的总能量高达80万亿千瓦。

## 探索地外生命

　　UFO的中文意思是不明飞行物。未经查明的空中飞行物，国际上通称UFO，俗称飞碟。飞碟热首次出现在1878年1月，美国得克萨斯州的农民J.马丁在空中看到一个圆形物体。美国150家报纸登载这则新闻，把这种物体称作"飞碟"。1947年6月，美国爱达荷州的一个企业家K.阿诺德驾驶私人飞机，途经华盛顿的雷尼尔山附近，发现有9个圆盘高速掠过空中，跳跃前进。这一事件在美国所有报纸上得到报道，又一次引起了世界性的飞碟热。

地球

神秘的UFO出现在沙漠上空的模拟图。

# 生命的进化

根据达尔文的进化论假说，地球上这些千姿百态的数也数不清的生物，其实都是由一个共同的祖先进化而来的。据科学推算，地球上的原始生命是在原始地球条件下，由简单到复杂、由低等到高等、由水生到陆生，经过漫长的过程，一步一步演变而成的。

## 自然选择

长颈鹿的长脖子是自然选择最好的见证。

生物在生存斗争中，有些能更好地适应环境，因此能生存下来，繁殖后代。如果后代继承了同样的特征，也会有较多的生存机会。英国博物学家查理·罗伯特·达尔文和阿尔弗雷德·华莱士创立了进化论。进化论的理论基础是自然选择，即最能适应环境的物种能够生存和发展。查理·罗伯特·达尔文相信，适应环境的个体生物能够生存进化，同一物种中那些不那么适应环境的生物被自然淘汰，如长颈鹿在自然选择的过程中进化出了长长的脖子，因此它们可以比短脖子的动物得到更多的食物。

始祖象　　乳齿象　　嵌齿象

草原猛犸（měng mǎ）

现代非洲象

## 进化的轨迹

科学家们通过化石可以发现一个物种完整的进化轨迹。例如长鼻类动物象，现在仍然生存的象分为非洲象和亚洲象两种。最初的长鼻类动物体形较小，牙齿不长，鼻子也不算长。但为了适应当时的环境，在长期的进化过程中，它们的牙齿、鼻子变长了，身体也变大了。

## 原核生物和原生生物

原核生物是没有细胞核或线粒体的一类单细胞生物。各种原核生物构成原核生物界。原核生物界包括细菌和蓝藻等，是地球上最初产生的生物。原生生物很小，肉眼看不到，多数生活在水里或潮湿的地方。原生生物主要包括形态简单的藻类和原生动物。藻类是类似植物的生物体，它们利用光合作用制造食物。原生动物，行为像动物，摄取食物。

细菌和蓝藻生活在海水中，它们是最初产生的生物。死后，它们细小的外壳沉入海底。

## 草履虫

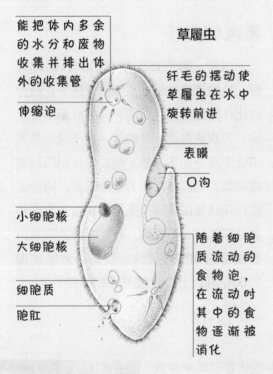

能把体内多余的水分和废物收集并排出体外的收集管

伸缩泡

纤毛的摆动使草履虫在水中旋转前进

表膜

口沟

小细胞核

大细胞核

细胞质

胞肛

随着细胞质流动的食物泡，在流动时其中的食物逐渐被消化

## 单细胞动物

单细胞动物就是仅仅具有一个细胞就可以完成其全部生理活动的动物类。草履（lǚ）虫便是单细胞生物中的典型动物之一。草履虫身体很小，呈圆筒形，它由一个细胞构成，体长只有80～300微米。因为它身体形状从平面角度看上去像一只倒放的草鞋底而得名草履虫。它身体的一侧有一条凹入的小沟，叫"口沟"，相当于是草履虫的"嘴巴"。草履虫靠身体的表膜吸收水里的氧气，排出二氧化碳。

## 庞大的植物家族

在自然界里，植物种类众多，形态各异。地球上现存的植物种类有40多万种。既有单细胞的菌类和藻类，也有多细胞的开花结果的参天大树；有野生的花草，也有栽培的植物。它们构成了地球上庞大的植物王国。在亿万年的生命进化历程中，整个植物界形成了从低级到高级、等级森严、井然有序的植物王国，而每一级植物又都有自己庞大的家族。在地球形成之初，首先出现了利用阳光和无机物制造有机物的生物，进而出现了原始的藻类，随后依次出现了蕨类、裸子植物、被子植物。

# 地球内部的宝藏

地球内部蕴藏着不少宝物。表层的泥土中，生长着木材以及其他林木和农产品；而较深的地层，则供应宝石、矿石、煤和石油等。这些埋藏在地下的丰富矿藏受地质作用不断地重新分布、筛选和分类。这些矿藏有很多用途，从筑路、作燃料到装饰用的珠宝。现代的工业因为这些矿藏的运用而逐渐繁荣起来。但是它们只有大量地分布在可到达的地方才有开采的价值。

地壳运动使大片森林压入地底，树木腐烂后形成泥炭

随着沉积物的不断增加，压力和温度也不断增长，致使泥炭形成煤

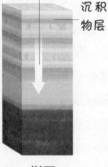

沉积物层

泥炭层　　煤层

## 黑色的金子

煤是一种固体可燃有机岩，俗称煤炭。植物遗体在地表常温、常压下，经泥炭化作用或腐泥化作用，转变成泥炭或腐泥；泥炭或腐泥被埋藏后，由于盆地基底下降而沉至地下深部，经成岩作用而转变成褐煤；当温度和压力逐渐增高，再经变质作用转变成烟煤至无烟煤。全球煤炭预测储量为13.6万亿吨。而大多数的煤采自石炭纪时期的煤矿床。目前，地质储量2000亿吨以上的大煤田就有20多个。

## 丰富的地下热能

地球是一个巨大的热水库，地层中蕴藏着非常丰富的热水资源。地下的热水并不是从地球内部深处流出的，而是由天上的降水流入地球内部被加热后形成的。天上降落到地面的雨水会随着地面的缝隙往深处渗透。雨水在下渗过程中，不断吸收周围岩石的热气，逐渐增温而形成地下热水。如果雨水渗入到地下30多千米深处，温度就会有1000～1300℃。如果地层深处有含水性能良好的大孔隙地层，地下热水就会大量聚集起来，形成地下热水层。我们常见的地热能是温泉和间歇泉。

云南腾冲的沸泉

## 天然气

　　天然气是一种蕴藏在地层内的可燃气体。它常产生在油田、煤田和沼泽地带。它的分布范围及生成温度范围要比石油广得多。即使在较低温度条件下，地层中的有机物也能在细菌的作用下形成天然气。在几千年甚至上亿年以前，海水中的生物的遗体产生了有机碳，这些有机碳就是生成海底天然气的原料。海洋中的沉积物年复一年地把大量生物遗体一层一层掩埋起来，被埋藏的生物遗体与空气隔绝，再加上厚厚岩层的压力、温度的升高和细菌的作用，它们开始慢慢分解，形成了天然气。

**天然气的形成**

天然气钻塔

冠岩下聚集的矿物燃料

腐烂的动植物沉入海底。不断积累的沉积物将其埋设。

生物遗骸随着温度升高和压力增大变为天然气。

天然气分子通过渗透性岩往上渗，储存在多孔岩里。

## 石 油

　　石油由古代生物与有机物经过漫长的地质变化及一系列的物理化学变化后，逐渐变成无数细小的油珠，再集中迁移到具有封闭构造的地层中储藏起来而形成的。石油及其产品被广泛应用于工业、农业、交通运输、日常生活等各个方面。石油是世界上最重要的动力燃料，具有燃烧完全、发热量高、运输方便等特点。农业用化肥，主要也是以石油和天然气为原料。另外，今天我们用的洗衣粉、肥皂、塑料桶、胶卷等，也含有一定的石油成分。

**石油的形成**

随着成岩作用的进行，压力和热量使有机体首先转化为碳氢化合物

 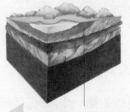

几亿年前，浅海和湖泊中有大量微小水生物繁殖，它们死亡后沉积在水底，形成一层富含有机物质的淤泥

随着温度升高，碳氢化合物最后分解转化为石油

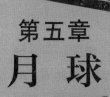

## 第五章
# 月 球

# 地球的卫星

月球是地球的天然卫星,我们通常把月球叫作"月亮"。由于距离远近和视角的关系,月亮看上去和太阳差不多大,其实它比太阳小得多,比地球也小得多,体积相当于地球体积的1/48。它是太阳系最大的卫星之一。

### 月球的形成

关于月球的起源,历史上有种种猜测,大致可归纳为共振潮汐分裂说、同源说、俘获说、撞击成因说等。无论哪一种假说都无法拿出充分的证据获得大家的一致认可。

### 月球的经历

月球的第一个7.5亿年经历了由陨星造成的破坏性的撞击阶段。在过去的16亿年中,月球表面变化不大,一些明亮年轻的环形山显露出来,但月球大部分原始外壳已在形成环形山时被破坏。

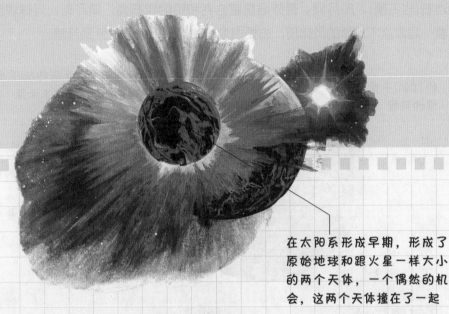

在太阳系形成早期，形成了原始地球和跟火星一样大小的两个天体，一个偶然的机会，这两个天体撞在了一起

地球被撞出了轨道，火星大小的天体也碎裂了

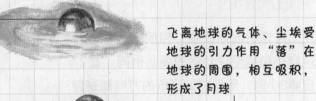

飞离地球的气体、尘埃受地球的引力作用"落"在地球的周围，相互吸积，形成了月球

今天的地球和月球

**"撞击成因说"理论模型**

## 月球的结构

　　月球是离地球最近的天体，是地球的"近邻"。虽然是近邻，但是离地球还是非常遥远，大概有38万千米，如果每小时走 5 千米，要足足走 8 年零 9 个月！即使乘火箭去，也要花 3 天的时间。

　　月球的结构由内到外分别是内核、内壳、月幔、月壳、月壤。内核含铁和硫；内核被一层半熔化状的岩石层所包围，即内壳；该层外面是一层固态岩石(岩石圈)，即月幔；最外层是富含钙和铅的岩石壳，即月壳；月球表面覆盖着一层厚度不均等的风化层，主要由尘埃和岩屑组成，这就是月壤。

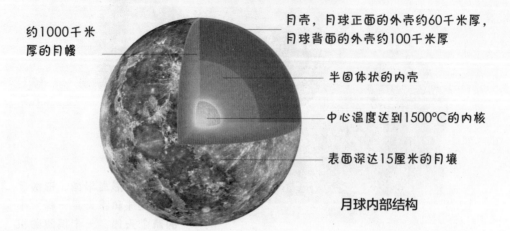

约1000千米厚的月幔

月壳，月球正面的外壳约60千米厚，月球背面的外壳约100千米厚

半固体状的内壳

中心温度达到1500℃的内核

表面深达15厘米的月壤

月球内部结构

## 月球的运动

月球绕地球公转，构成地月系。月球自转和绕地球公转的周期相同，是27日零8小时，而且它们运行的方向都是自西向东，月球上的白天和黑夜都有半个月左右。因此，从地球上看，月球总有一面是看不到的。

远地点　近地点

月球轨道

月球的公转轨道

最有趣的是，月球永远以正面对着地球。月球运行的公转轨道并不很圆，所以月球与地球之间的距离也不总是相同。月球距离地球中心最近距离是363300千米，最远距离是405500千米。

## 月亮的"天平动"

月球在接近地球的时候运行速度很快，但在远离地球的时候则比较慢，也就是说，月球自转不可能和它公转时的位置重叠。受这种天平动的影响，我们看不到完整的月球背面，只能看到一小部分。

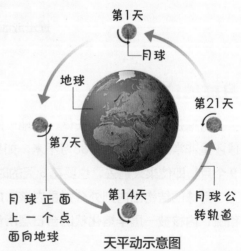

第1天

月球

地球

第21天

第7天

月球正面上一个点面向地球

第14天

月球公转轨道

天平动示意图

# 月球表面

古时候，人们不了解月球的真面目，曾经想象出了许多美丽的传说，实际上，月球上非常荒凉，没有大气，没有液态水，引力也很小，荒凉的表面上有山脉，有深谷，最多的则是环形山。

## 大疤脸

月球的表面积大约相当于南北美洲陆地面积的总和。它的表面起伏很大，有很多形状各异的环形山，还有高大的山脉（最高峰达9000米）、大片平原以及幽深的月谷。

可以说，月球有一个不折不扣的"大疤脸"，上面坑坑洼洼，起伏不平。有的大环形山内部还散布有几座环形山。在月球表面上，直径大于1千米的环形山总数达33000多座，占月球表面积的10%，至于更小的月坑则数不胜数了。

月球表面大部分地区被一层碎屑物质所覆盖，称为月壤或月尘。月球没有像地球一样的大气圈，因此在这里不能呼吸，声音也无法传播。

月球表面

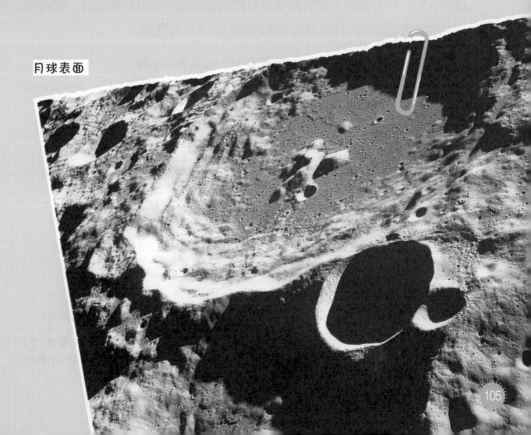

## 月海与月陆

月海其实就是我们看到的月球脸上的暗斑。它是月球上的广大平原，只因为它在伽利略的望远镜下看起来很像海洋，所以被伽利略称为月海，而后沿用了下来。而月陆是月球表面上的古老高地和山脉，由于返照率很高，所以看上去很亮，被认为是月亮的陆地部分。

**40亿年前的月球**

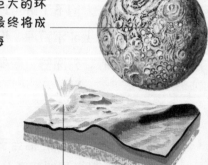

这个巨大的环形山最终将成为月海

陨星撞击月球的外壳

## 月球表面的"特产"

月球上的环形山使月球的表面别有一番风景。环形山一般呈圆形，四周耸立着高高的山壁。最大的环形山直径295千米，可以把整个海南岛都放在里面；最深的环形山是牛顿环形山，可以把珠穆朗玛峰倒扣进去。

环形山的形成是由于亿万年来陨石不断撞击月球表面造成的。由于没有大气层的保护，所有来自太空向月球运行的物体均能落到月球的表面。而环形山的大小、形状则取决于向月球冲撞而来的陨石的大小与速度。

**环形山形成示意图**

喷射路线

散落在环形山表面的岩屑

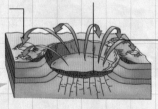

喷射物四溅形成了小的环形山

陨星撞击路线

喷射物质

环形山周围因挤压而被抬高

如果不遭受破坏，环形山可能保持几百万年不变

射线形环形山

岩石裂痕

由于陨星撞击形成了碗状洼地

环形山地面反冲形成山环

喷射物覆盖了环形山壁以外的地区

30亿年前的月球

当熔岩淹没环形山盆地时，月海就产生了

现在的月球

哥白尼环形山于8亿年前形成了

熔岩通过月球外壳的裂缝喷发出来

火山活动已经全部停止

月陆和月海的形成

## 月球的"半边脸"

月球自身会不停转动，同时还会绕着地球转，有趣的是，月球自转一圈所需要的时间，和绕地球一圈所需要的时间相等。于是这种同步运动让月球总是用不变的"半边脸"向着地球，而背面的另一半在地球上永远都看不到。所以我们在地球上看月亮，仿佛它的表面总是一成不变的样子。

月球总是以同一面面向地球。

## 月球表面的温度

由于没有大气圈来起到保温的作用，月球表面的温度变化十分剧烈，白天最高127℃，夜晚最低可达到-183℃。这是因为没有了大气的阻挡，太阳照得到的地方温度很高，而到了夜晚热量丧失，又会变得很冷。

第五章

月球

107

# 月相、月食和日食

月亮本身不发光，在黑暗的夜空中，我们能看到月亮是因为它反射的是太阳光。在绕地球运动的过程中，月亮会呈现出不同的形状。特殊情况下，当地球、月球、太阳运行在一条直线的时候，还会形成日食或者月食。

## 月相

月亮绕地球运动的过程中，它和太阳、地球的相对位置不断发生变化，所以我们看到月球的形状就不同，形成了月缺月圆的月相变化。在地球上看月球，有时像镰（lián）刀，叫蛾（é）眉月；有时呈半圆，叫弦月；有时如一面明镜，叫满月；有时又全部黑暗，叫新月。月球的这种盈亏变化现象就是月相。月相的变化是有规律的，从新月到满月，然后又回到新月这样一个循环过程，正好是农历的一个月。

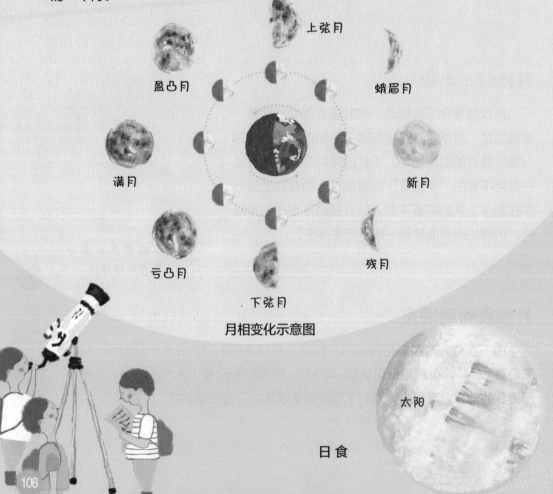

上弦月
盈凸月
蛾眉月
满月
新月
亏凸月
残月
下弦月

月相变化示意图

太阳

日食

地球本影

月球

地球

地球半影

月食

太阳

## 月 食

月球围绕着地球旋转，同时，地球又带着月球围绕太阳旋转。当月球转到地球背着太阳的一面，而恰好太阳、月球、地球处在同一直线或近于一直线的情况下，地球挡住了太阳光，就发生了月食。发生月食时，当月球部分进入地球的阴影（本影）时，叫作月偏食；而当月球全部进入地球阴影时，就叫作月全食。

## 日 食

当月球运动到太阳和地球中间，并且三者处在一条直线上时，太阳射向地球的光芒就会被月球挡住，在地球上形成阴影，这就是日食现象，又叫日蚀。在观测日食时需要注意不能直视太阳，否则会造成短暂性失明，甚至是永久性失明。

月球半影

月球

地球

月球本影

第五章

月球

# 探索月球

千百年来，人类一直向往能够飞出地球，到遥远的星空中去探险，中国古代嫦娥奔月的神话就表达了人们飞向月球的愿望。月球是距离地球最近的天体，自然也被人类选为进行太空探险的第一站。

## 人类对月球的梦想

月球是离地球最近的天体，也是天空中除了太阳以外最亮的一颗星球，它在离地球38万千米的轨道上绕着地球默默地运行了40多亿年。作为地球的近邻，人类从文明诞生开始就已经认识了月球，并逐渐对月球产生了浓厚的兴趣，渴望有朝一日能够亲自揭开月球神秘而朦胧的面纱，了解一个真实的月球。终于，在人类文明进步和科技迅猛发展的推动下，人类为自己创造出了探索月球的机会，从而真正实现了身临其境的梦想。

## 着陆月球

1959年，苏联发射的"月球2号"太空探测器在月球着陆，向地球发回了信息，使人类首次获得了关于月球的第一手资料。这是人类的航天器第一次到达地球以外的天体。

## "阿波罗计划"

1961年，美国制定了"阿波罗登月计划"，主要目的是将人类送上月球表面并安全返回地球。"阿波罗计划"共执行了11次任务，包含了两次环地球轨道飞行、两次环月球轨道飞行以及6次登月任务。其中阿波罗11、12、14、15、16、17号完成了登月任务，先后将12名宇航员送上了月球。

"阿波罗11号"的宇航员留在月球上的第一个脚印

"阿波罗11号"的3位宇航员。
左起：阿姆斯特朗、柯林斯和奥尔德林。

## "阿波罗11号"

1969年7月16日，巨大的"土星5号"火箭载着"阿波罗11号"飞船飞向了太空，这是人类首次登月的太空飞行。飞船从美国的肯尼迪航天中心发射场点火升空，1969年7月20日，成功地完成了人类首次登月计划。"阿波罗11号"的3位宇航员也由此永远被载入史册，他们是尼尔·阿姆斯特朗、埃德温·奥尔德林和迈克尔·柯林斯，其中阿姆斯特朗和奥尔德林登上了月球。

### "阿波罗"号飞船的组成

"阿波罗"号飞船由指挥舱、服务舱和登月舱三个部分组成。

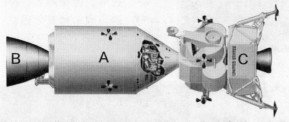

A. 指挥舱——是宇航员在飞行中生活和工作的座舱，也是全飞船的控制中心

B. 服务舱——前端与指挥舱对接，用于飞船与第三级火箭分离、登月舱与指挥舱对接和指挥舱与服务舱分离等

C. 登月舱——由下降级和上升级组成，宇航员完成月球表面活动后驾驶上升级返回环月轨道与指挥舱会合

# 月球基地

月球是离人类最近，也是人类探索得最多的天体。根据现在的进展，人们预测，人类在50年内或许会在月球建立月球基地，月球基地将成为人类探索太阳系的中转站，也将是采集月球上丰富矿产资源的基地。从这些科学家们设想的月球基地中，我们可以看到人类将来移居月球的可能性。

用自动货运航天器运送的部件组装成的月球居住地。

这是月面上的一个每月生产两吨液氧的自动化工厂设想图。这种工厂可以解决月球上氧气不足的问题。

这幅图画表现了太阳能电池阵、连接隧道、6个轮子的月球车和其他设施。

月球居住舱设想图。一个16米直径的居住舱，可以适应12名航天员生活和工作。

## 月球车

　　月球车是可以在月球表面行驶的电动车，它是宇航员采集矿石和土壤标本以及在月球上安装仪器所必需的。它按乘坐两名宇航员设计，由电能驱动，最高的行驶速度为每小时13千米。阿波罗15号、16号、17号的登月宇航员由于配备了月球车，可以在月球表面上任意驰骋（chěng），有效地扩展了活动范围。

　　苏联的"航天之父"齐奥尔科夫斯基有一句名言："地球是人类的摇篮。但是人类不能永远生活在摇篮里，而会不断探索新的天体和空间。"这句名言几乎表达了人类成长的梦想。

阿波罗登月航天员身着登月航天服在月球表面上活动。

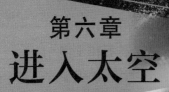

# 第六章
# 进入太空

## 飞出地球

在地球上无论向上抛什么物体，也无论你用多大的力气将物体抛得多高，物体最多只是在地面的上空划出一道长长的弧线，最后还是回到地球。这是因为地球对物体的万有引力作用，这个引力就像一条看不见的绳子，牢牢地拴着地球上的每样东西。要使物体飞出地球，就必须赋予物体巨大的速度，克服地球的引力。

### 第一宇宙速度

月球不断地绕地球旋转，在月球旋转的时候，它产生了离心力，这股离心力足以抗衡地球引力的束缚。所以要让发射的人造卫星绕地球旋转而不掉下来，就需要使它具有能抗衡地球引力的离心力。科学家计算出要使物体不落回地面的速度是7.9千米/秒，也就是说，物体如果达到7.9千米/秒的速度，它就会永远地绕着地球运行而不会从天上掉下来。这个速度就叫第一宇宙速度，也叫环绕速度。

架设在高山上的大炮，随着发射炮弹初始速度的提高，炮弹的射程越来越远，当速度达到一定值的时候，炮弹就不再落回地面，成为环绕地球运行的卫星，这个速度就是第一宇宙速度。

## 飞出太阳系

人类还想飞得更远，彻底摆脱地球的束缚，飞向行星际空间，科学家计算出，只要物体的速度达到11.2千米/秒（第二宇宙速度），就能摆脱地球引力，飞向太阳系的其他星球。如果想要到太阳系外去旅行，摆脱太阳引力的控制，就必须达到16.7千米/秒的速度。如果速度达到110～120千米/秒，就可以脱离银河系，实现太空漫游的梦想和目标。

航天飞机轨道器在太空飞行。

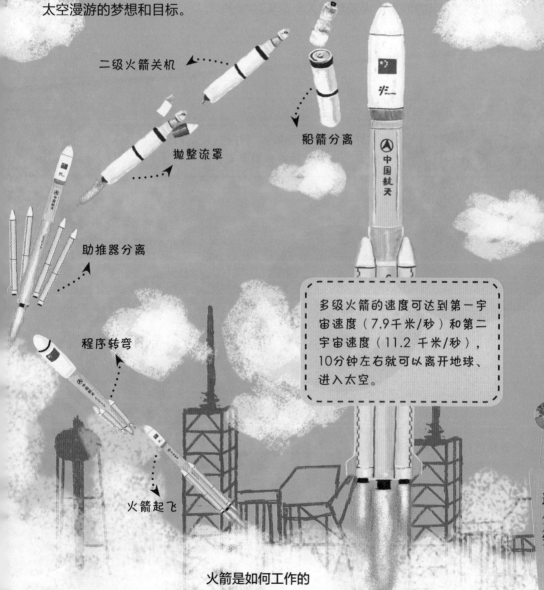

二级火箭关机

船箭分离

抛整流罩

助推器分离

程序转弯

火箭起飞

多级火箭的速度可达到第一宇宙速度（7.9千米/秒）和第二宇宙速度（11.2千米/秒），10分钟左右就可以离开地球、进入太空。

进入太空

火箭是如何工作的

115

## 人类登天的梯子

　　人类利用火箭来发射人造卫星和宇宙飞船，把它们送入太空，有的宇宙飞船还载着宇航员在茫茫宇宙中遨游。火箭在工作时会燃烧能源，排出气体产生强大的推动力，从而达到飞船所需要的高度和速度。火箭一般分成三级，一层一层依次堆叠在一起，第一级火箭搭载着飞船到达高空大气层。一旦燃料耗尽，已经空了的一级就会落回到地球。更轻一些的第二级会在脱落前把飞船带向更高的速度。最后一级则把宇宙飞船推入轨道或者是太空更远的地方。火箭犹如人类登天的梯子。

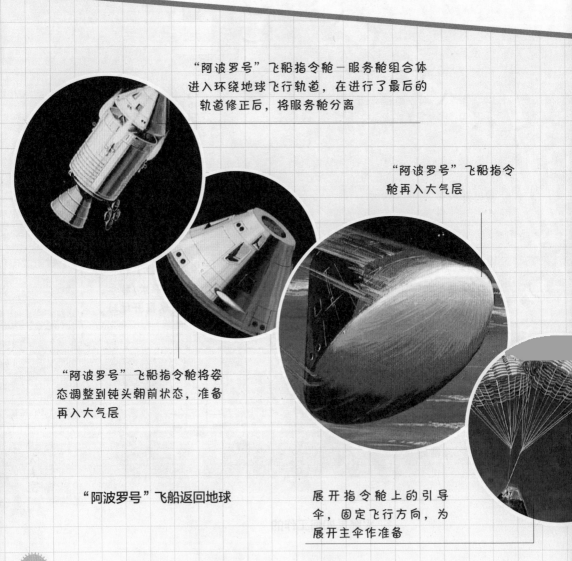

"阿波罗号"飞船指令舱－服务舱组合体进入环绕地球飞行轨道，在进行了最后的轨道修正后，将服务舱分离

"阿波罗号"飞船指令舱再入大气层

"阿波罗号"飞船指令舱将姿态调整到钝头朝前状态，准备再入大气层

"阿波罗号"飞船返回地球

展开指令舱上的引导伞，固定飞行方向，为展开主伞作准备

# 落入海中

飞船返回地球是一件很危险的事情。当"阿波罗号"飞船的控制舱返回地球时，它的速度快得惊人，比任何人类所能达到的速度都要快。"阿波罗号"飞船指令舱一服务舱组合体进入环绕地球飞行轨道，在进行了最后的轨道修正后，将服务舱分离。"阿波罗号"飞船指令舱入大气层以后，开始像流星般燃烧起来。指令舱非常沉重，所以需要在落入水中前打开三个降落伞来降低速度。先展开指令舱上的引导伞，固定飞行方向，为展开主伞作准备；再展开指令舱上的主伞；最后指令舱向海面降落。

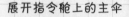

展开指令舱上的主伞

指令舱向海面降落

指令舱降落在海面，救援人员准备开舱

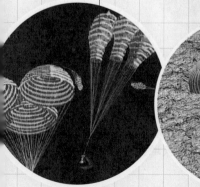

第六章

进入太空

117

# 先进的宇航队伍

有了运载火箭，人类就能实现登天的梦想！为了探索茫茫宇宙，人类发明了在地球大气层外宇宙空间运行的各类人造飞行器，统称为航天器。

## 航天器

航天器分为无人航天器和载人航天器两大类。无人航天器包括各种功能的人造地球卫星、月球探测器、太阳探测器、太阳系行星、彗星、小行星探测器以及其他宇宙探测器。载人航天器按飞行和工作方式分为载人飞船、航天飞机、随航天飞机在太空运行的各种实验室、长期在太空运行的太空站、飞往月球的载人飞船等。

"罗塞塔号"彗星探测器着陆器在彗核上着陆，钻洞探测，提取物质，并将照片和数据传送至地球接收站。

## 载人飞船

载人飞船是保障宇航员在外层空间生活和工作、执行航天任务并返回地面的航天器，又称宇宙飞船。载人飞船由运载火箭发射，执行单独飞行或完成与其他航天器的对接任务。主要用途是运送和接回航天员，但载人飞船在太空自主飞行时间比较短，一般仅为几天。

"联盟TM号"飞船是在"联盟T号"飞船的基础上改进形成的。它是"和平号"太空站和国际太空站主要的天地往返运输器。

## 侦察兵

科学家向太空发射了一系列不载人的空间探测器，它们就像是飞往太空的"侦察兵"，担负着对月球、太阳、太阳系行星、彗星、小行星及宇宙天体进行探测的任务。迄今为止，各种探测器已先后对月球、水星、金星、火星、木星、土星、天王星、海王星、冥王星、哈雷慧星以及许多小行星、卫星进行了近距离或实地考察。2004年3月，出库鲁航天中心发射升空的"罗塞塔号"彗星探测器，需要用10年的时间去追赶丘留莫夫-格拉西缅科彗星，对彗星进行为期两年的探测；"先驱者10号"深空探测器曾首次发回详细的木星和土星照片。

## 人造卫星家族

人造卫星是环绕太阳系行星运行的航天器。环绕地球运行的人造航天器为人造地球卫星。此外，还有人造金星卫星和人造火星卫星等。人造地球卫星"家族"中有着众多的成员，人们根据用途将它们分为以下种类，例如，负责通信的称为通信卫星；负责气象观测的称为气象卫星；负责导航的称为导航卫星；负责资源勘（kān）察的称为资源卫　星。

**"海洋1号"卫星**

2002年5月14日中国发射了第1颗海洋卫星——"海洋1号"，主要任务是通过观测海洋的特性，为海洋生物资源合理开发利用、环境保护等提供科学依据。

# 航天飞机

　　航天飞机是可以重复使用的、往返于地球和近地轨道之间的航天器。航天飞机通常采用火箭推进，返回地面时能像滑翔机或飞机那样下滑和着陆。利用航天飞机，人类可以运送各类人造卫星、宇宙飞船和空间站进入轨道。航天飞机还能载着空间实验室，可以在太空进行科学实验！但是在前些年，航天飞机已经停飞了，它已经成为了历史。

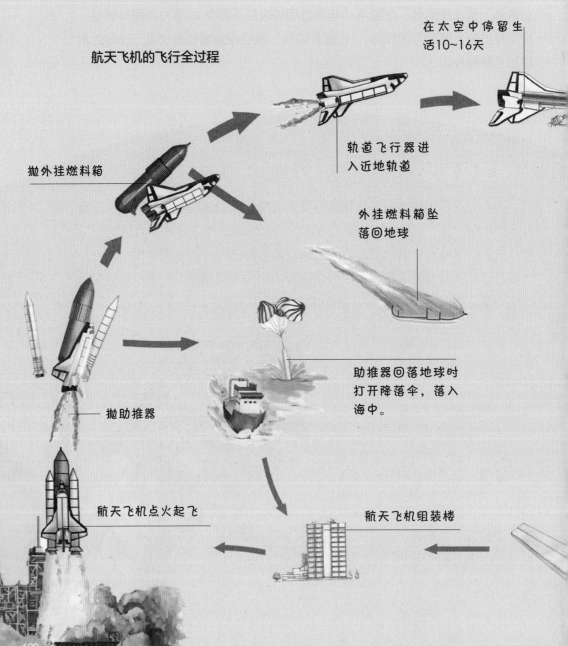

航天飞机的飞行全过程

在太空中停留生活10~16天

轨道飞行器进入近地轨道

抛外挂燃料箱

外挂燃料箱坠落回地球

助推器回落地球时打开降落伞，落入海中。

抛助推器

航天飞机点火起飞

航天飞机组装楼

# 太空旅行

　　到太空旅行的都是一些特殊"游客"，他们是训练有素的宇航员。宇航员不但有丰富的专业知识，还要有优秀的智力和健康的体魄。因为在失重的太空环境下，为了克服引力的影响，航天员在太空的生活和工作与在地面有着显著的差异。如航天员行走的功能由手臂来实现；航天员一直处于飘浮状态，没有办法依据方向判断上下，只有依据四周墙体和物件的颜色来作出判断；短期的太空飞行器一般不设置卫生间，而是使用抽吸式废物收集装置收集大小便等废物，以避免废物飘逸和异味散发至座舱。

## 航天员的"杂技"

　　进入太空后没有了重量，物体可以轻而易举地被搬动。地面上的大力士所能举起的重物，在太空中，即使是小孩子也能把它举起。在太空，任何人都可以用一个手指头将无论多么重的人举起来。

　　实际上，不用手指托举，物体或人照样能飘浮在空中。航天员表演的高超杂耍，令地面上技艺再高的杂技师也甘拜下风。

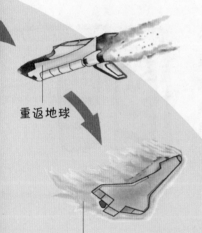

重返地球

再入地球大气层

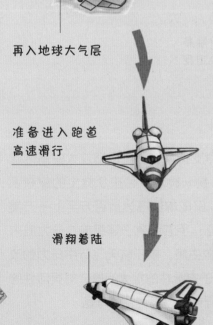

准备进入跑道
高速滑行

滑翔着陆

进入太空

## 食在太空

太空里用的所有的食品都用袋子密封，防止由于不慎导致的固、液态物质四处飞溅，引发不堪设想的后果。载人航天器一般携带3类食品：日常食品，航天员在飞行中每天正常就餐的食品；储备食品，也称应急食品，在特殊情况或出现故障需要延长飞行时间时航天员食用的食品；救生食品，航天员返回后未能在预定地点着陆，在等待救援期间食用的食品。

国际太空站航天员在服务舱准备进餐，西红柿、面包、三明治等在面前飘浮，航天员在开启调料。

## 太空睡袋

太空中的失重使航天员在睡觉时总是觉得身体下面没有支撑，所以在宇宙飞船里，站着睡觉跟躺着睡觉的效果是一样的。不过，要好好地睡上一觉，宇航员必须把自己牢牢地固定在睡袋里。航天飞机上有供宇航员睡觉用的睡袋和小睡间。睡袋用两个拉链与柔软的支撑垫相连。睡袋的双向拉链可以从底部到顶部全部打开，以方便航天员进入睡袋。睡袋两边还各有一个手臂孔，可以将手臂伸到睡袋外面。

太空睡袋

睡眠间内有计算机、随身听等各种个人用品，航天员正在使用便携式计算机给家人发邮件。

## 宇航员的装备

航天服拥有完整的太空生命支持系统，可以适应太空基地建设和修理等大量机动性活动，是一套防护和应急救生的复杂系统，也是当今最昂贵的服装，仅成本就高达上百万至上千万美元。航天服一般由服装、头盔、手套和靴子等组成。分为舱内航天服、舱外航天服和弹射救生服。由于航天飞行中压力的改变，航天服的灵活性是仅次于安全性的重大问题，对灵活性的测试也是航天服设计加工过程中一项世界性的难题。

## 航天员出舱

在太空，如果像在地面那样开启舱门，航天员会像炮弹一样被"发射"到太空中。航天员出舱，必须经过一个过渡过程，这个过程在气闸舱中进行。航天员穿好舱外航天服进入气闸舱后，关闭座舱舱门，将气闸舱内的空气抽空，然后开启通往太空的舱门，就可以出舱活动了。

**航天员的装备**

头盔内的通信帽使宇航员在噪声环境中也能够与地面进行通信

通信载波集成

手套是据航天员个人手型制造的，各手指关节部位均有波纹结构，跟手风琴的风箱一样，弯曲活动自如，便于航天员灵活操作设备

航天员的靴子由压力靴和舱外热防护套靴组成。踝部活动关节设计在压力靴上，并与压力服相连接

第六章

进入太空

## 航天服

　　航天员在飞行的各个阶段穿不同的服装。如在航天飞机内工作、在太空暴露工作或返回着陆，航天员都有相应的服装。

　　舱内航天服一般是软式航天服，主要由头盔、压力服和手套3部分构成。压力服是低压航天服，由里往外共有6层，能够进行操作活动。这种压力服具有良好密封调压、通风散热、排湿功能。如果船舱的气压控制失效，舱内航天服可作为应急救生衣。

　　舱外航天服是为航天员在舱外真空、辐射环境中活动，提供生存环境和工作能力的服装。舱外航天服由9~10层起不同作用的结构构成，具有防护和耐磨损的性能。

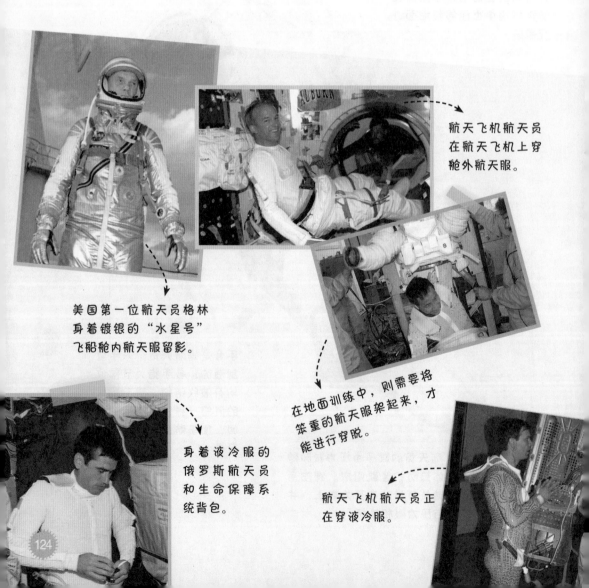

航天飞机航天员在航天飞机上穿舱外航天服。

美国第一位航天员格林身着镀银的"水星号"飞船舱内航天服留影。

在地面训练中，则需要将笨重的航天服架起来，才能进行穿脱。

身着液冷服的俄罗斯航天员和生命保障系统背包。

航天飞机航天员正在穿液冷服。

# 探索太空

遨游太空是人类自古就有的愿望。随着现代工业的兴起，人类不再只停留在幻想阶段，开始对太空进行真正的科学探索。从使用天文望远镜观测太空到宇宙飞船、航天飞机以及太空站的问世，人类已经真正迈入了太空。

## 载人航天的先驱

1957年10月4日，是人类航天史上划时代的日子，苏联第一位载人航天工程总设计师科罗廖夫在P－7洲际火箭基础上稍加改进，研制成功"卫星号"运载火箭，发射了世界上第一颗人造地球卫星。科罗廖夫以他的丰功伟绩表明，他无愧于"载人航天之路的开拓者"的光荣称号。为了表彰科罗廖夫的卓越功勋，苏联政府在他逝世后，将他的骨灰安放在莫斯科红场。

## 第一位飞入太空的宇航员

1961年4月12日，世界上第一艘载人宇宙飞船——苏联的"东方1号"宇宙飞船腾空而起。苏联的尤里·阿列克赛耶维奇·加加林乘坐飞船首次进入空间，在环绕地球飞行了108分钟后安全返回地面，加加林成为世界上第一位环绕地球进行太空飞行的航天员。1964年，加加林被授予苏联英雄称号，后又获得列宁勋章。加加林作为第一位进入太空的航天员，获得了令人尊敬的各种荣誉，成了传奇式的英雄。

尤里·阿列克赛耶维奇·加加林

1968年3月27日，加加林参加训练时因飞机失事而不幸罹难。为纪念加加林首次进入太空的壮举，俄罗斯把每年的4月12日定为宇航节，在这一天举行隆重的纪念活动，缅怀这位英雄人物。

苏联东方号运载火箭将加加林乘坐的东方1号载人飞船送入太空，谱写了载人航天历史的第一页。

## 开路先锋

　　1957年11月3日，苏联从拜科努尔发射场发射了第二颗人造地球卫星，这颗卫星的卫星舱里载有一只名叫"莱依卡"的小狗。小狗莱依卡作为第一个在太空飞行的有生命的物种，是人类进军宇宙空间的"开路先锋"，为人类进入太空做出了贡献。1961年1月31日，大型哺乳动物黑猩猩哈姆乘美国"水星号"飞船进行亚轨道飞行，成功返回地面，进一步证实了人类可以适应太空飞行环境。

## 世界上第一位女宇航员

　　苏联人瓦琳金娜·弗拉基米洛夫娜·捷列什科娃，是世界上第一位女航天员。她1962年进入航天员队伍，这是第一个没有航空试飞员经历的人被挑选为航天员。确定为东方6号飞船航天员后，捷列什科娃的航天服绣上了一只海鸥，"海鸥"就是她的呼叫代号。1963年6月16日，捷列什科娃乘坐的飞船从拜科努尔发射场起飞，在太空飞行了近3天，环绕地球48周，每周88分钟。6月19日飞船返回大气层，着陆于哈萨克斯坦的着陆场。

瓦琳金娜·弗拉基米洛夫娜·捷列什科娃

## 第一位七进太空的明星

　　杰瑞·L.罗斯是美国航空航天局的第六批航天员。罗斯飞过21种不同类型的飞机，总飞行时间超过3800小时。七进太空的经历使他成为人类航天史上的明星人物，罗斯在太空的飞行时间已经超过1393小时，包括58小时18分的9次太空行走。

罗斯在太空展示他7次航天飞机飞行纪念徽章，这些徽章组成"7"字。

"挑战者号"航天飞机上升段飞行58秒,一团火焰从固体助推器发动机喷管上方喷出。大约76秒,轨道器炸成碎片,空中充满烟雾和从外贮箱中散发出的推进剂。

在肯尼迪航天中心的航天飞机着陆场,"挑战者号"航天员的遗物被运往丹佛空军基地。

人们为"挑战者号"航天飞机上遇难的航天员举行隆重葬礼,寄托人们的哀思。

## "挑战者号"的意外

1986年1月28日,"挑战者号"航天飞机第25次飞行。"挑战者号"于美国东部标准时间上午11点38分起飞。起飞后地面控制人员同航天员进行了正常通话,信号显示一切正常。飞行至73秒,突然全部信号消失,地面跟踪电视图像表明"挑战者号"爆炸,一场空前灾难瞬时发生。爆炸后,航天飞机结构解体,轨道器结构在强大气动力作用下被破坏,导致7名航天员全部丧生。

## 停留时间最长的太空旅行

塞尔南和施米特乘坐"阿波罗17号"飞船进行最后一次阿波罗登月飞行时,在月面停留75小时10分,在月面出舱活动22小时5分,是迄今为止在月面上停留时间和在月面活动时间最长的航天员。"阿波罗17号"1972年12月6日从地球起飞,12月19日完成登月飞行,返回地球,完美地结束了人类第一次实施的登月计划,以实践证明了人类有能力到达其他星球。

结束"阿波罗17号"月球着陆区的考察后,塞尔南走向月球车,准备同施米特一起到另一区域考察。

进入太空

# 中国航天

中国载人航天工程分三步实施：第一步是载人飞船工程，突破载人航天技术，建立初步的载人航天系统，开展太空应用实验；第二步是突破航天员出舱活动技术和载人航天器太空交会对接技术，发射短期有人照料的太空实验室，建立中国的载人航天体系，开展一定规模的载人太空科学研究试验；第三步是建立长期载人运行的太空站，解决规模较大的、长期需要管理的太空站的应用问题。

逃逸飞行试验中，逃逸发动机点火起飞。

运载火箭点火起飞，开始无人飞行试验。

## 飞行试验

在首次载人飞行前，共进行了1次逃逸飞行试验和4次无人飞行试验。1998年10月，在酒泉卫星发射中心进行了待发射状态的逃逸飞行试验，获得圆满成功，验证了逃逸系统设计的正确性，证实逃逸性能满足确保航天员安全的要求。在所有飞行试验中，均在座椅上安装了假人，以确认各种力学环境对航天员身体的影响。

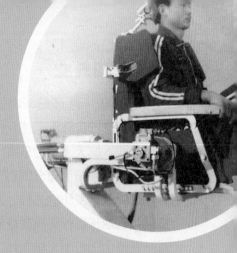

## 航天员选拔和培训

中国于1996年初从20多名空军歼击机飞行员中选拔出两名航天教练员，于1996年底赴俄罗斯加加林航天员培训中心进行为期一年的培训。自1995年底开始进行航天员的选拔工作，首先，从空军歼（jiān）击机飞行员中确定了800余人参加初选。经过医学检查，确定了60人进入复选。再经过特殊环境耐力检查和心理测试等更为严格的检查测试，最后确定12名航天员，连同两名赴俄培训归来的航天员教练员，1998年1月正式组建航天员大队，首批航天员的选拔至此完成。

用于航天员前庭功能训练的旋转座椅，下端支座带动座椅旋转，座椅可以沿支架轨道调整旋转位置。

## 中国航天员

2003年7月，航天员评选委员会进行中国首次太空飞行航天员的评选工作。2003年9月的第二轮评选，从5名航天员中再拔出3名尖子，组成中国首次太空飞行航天员梯队，他们是：杨利伟、翟志刚、聂海胜。2003年10月14日，航天员评选委员会确定杨利伟为首次载人飞行任务的正式航天员。

杨利伟

翟志刚

聂海胜

第六章 进入太空

129

## 神舟飞船升空

2003年10月15日09时00分，"长征2号"F运载火箭运载着"神舟5号"飞船和中国第一位航天员杨利伟离开发射台，缓缓上升，开始奏响创造历史的中国第一次载人航天飞行的乐章。在上升段飞行过程中，逃逸塔分离，助推器分离，一级分离，当整流罩分离时飞船舱内顿时变亮。飞行至584秒达到预定速度并到达预定位置，发动机关机。3秒后飞船与火箭分离，"神舟5号"飞船载着杨利伟进入环绕地球运行的椭圆轨道。在第二圈飞行时，杨利伟报告飞船各系统工作正常。在整个飞行中，杨利伟共3次进餐、两次睡眠。飞行至第14圈，次日05时35分，飞船调整姿态，开始返回程序。

### "神舟5号"飞船的升空过程

"长征2号"F运载火箭起飞。

在强大的发动机推进力的托举下，缓缓上升。

"长征2号"F运载火箭脱离发射工位塔架，加速上升。

"长征2号"F运载火箭承载着中国首位航天员杨利伟乘坐的"神舟5号"飞船。

杨利伟在太空展示联合国旗和中国国旗。

从北京航天指挥控制中心观察飞行情况，此时飞船座舱内杨利伟的图像清晰地显示在左侧屏幕上。

## "神舟7号"

2008年9月25日21时10分，中国"长征2号"F型运载火箭点火，搭载着翟志刚、刘伯明、景海鹏3名宇航员的"神舟7号"飞船在甘肃酒泉卫星发射中心升空。9月27日16时40分，中国航天员翟志刚打开"神舟7号"载人飞船轨道舱舱门，首度实施空间出舱活动，茫茫太空第一次留下中国人的足迹。9月27日19时24分，航天员出舱活动结束后，伴飞小卫星由航天员手控指令释放，释放机构将其推出进入既定轨道。北京时间9月28日17时37分，"神舟7号"飞船返回舱成功降落在内蒙古中部预定区域。中国"神舟7号"载人航天飞行获得圆满成功，中国由此成为第三个掌握出舱技术的国家。

翟志刚出舱活动，成为中国太空活动第一人。

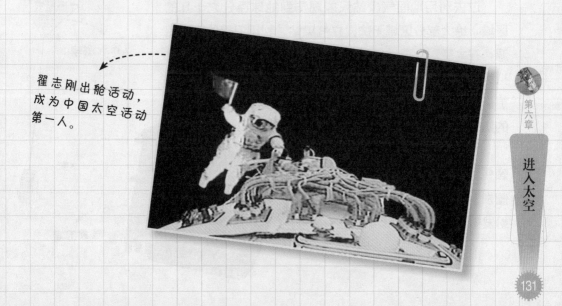

# 人造卫星

卫星是指那些环绕行星运行的天体，分为两种，一是天然卫星，一是人造卫星。早期的人造卫星对地球磁场和辐射进行了简单的探测，现在的人造卫星更加先进，可以发布天气数据，勘察全球资源，并为船舶、飞机导航。

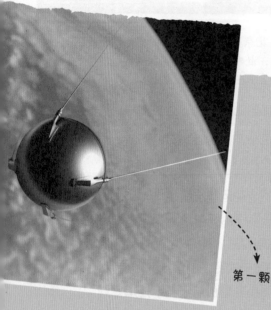

## 第一颗人造卫星

1957年10月4日，苏联发射了世界上第一颗人造卫星——"斯特普尼克1号"。卫星内部装有两台无线电发射机，还有其他科学设备。卫星围绕地球飞行的运行轨道为椭圆形，96.2分钟绕地球飞行一周。

第一颗人造卫星

## 太空气象监测

过去利用地面气象站只能观测到地球百分之十几的区域，绝大部分区域无法设立气象站。利用卫星的高度资源，在太空对地球进行气象观测，具有地面气象站无法比拟的优势。卫星进行气象观测，可以高速、快捷、连续地提供大范围甚至全球的气象图像，极大地改善了天气预报的质量。

1960年4月1日，世界上第一颗气象卫星"泰罗斯1号"由美国发射上天，此后一系列气象纷发射上天投入使用。

气象观测球

气象卫星

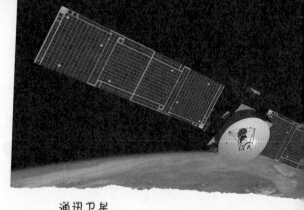

## 全球通信

将地面的无线电站搬到太空，就可以覆盖广大的地球表面进行无线电通信，具有这种功能的卫星就是通信卫星。有3颗这种类型的卫星就可以基本覆盖地球表面的绝大部分，从而实现世界范围的通信。

通讯卫星

## 地球资源勘测

把"照相机"设置在太空对地面进行"拍摄"，不受海洋、高山、沙漠的限制，可以获取全球陆地和海洋的资源资料，进行地球资源探测的卫星为地球资源卫星。卫星上的"照相机"有多光谱扫描仪、微波辐射仪等。科技人员根据卫星传回的信息，就可以从中识别出地球各处资源的类别、分布和储藏量。

除此之外，还有很多其他用途的卫星。如广播卫星专为广播电视设计和制造的，导航卫星起初是用于军事用途而设计的，但如今已经广泛应用于社会大众。

导航卫星可用于为汽车导航。

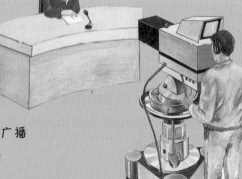

电视需要利用广播卫星传输信号。

# 国际空间站

国际空间站（ISS）是迄今为止最大的飞行器，它由16个国家共同建造完成，共包含指令和数据处理、跟踪与通信、舱外活动等十几个系统构成。在空间站里，航天员可以长久居住完成太空探测任务。

## 功能

国际空间站可以为人类提供对地观测和天文观测的机会，而且比遥感卫星更优越。因为有航天员的及时调整，便于获得最佳的观测效果，在设备发生故障时，也可以随时进行维修保证正常运转。

同时，国际空间站的建成，也使人类向着建造太空工厂、进行太空旅游，建立太空永久居住区，甚至向其他星球移民等目标更接近了一步。

国际空间站

## 服务舱

服务舱提供早期国际空间站航天员生活和居住条件（睡眠、卫生设备），具有生活供应系统（视频、厨房和餐桌），飞行控制系统和推进系统等。同时为地面飞行提供遥控能力。服务舱有4个对接口，后面的对接口可以对接进步号货运飞船和"联盟号"载人飞船。

国际空间站的工作人员出舱活动。

## 居住舱

居住舱是美国航天员的生活场所，有各种生活设施，可供4名航天员长期生活，主要设备有厨房、集会间、卫生间、卧室、医疗设备、锻炼设备、水净化设备及其他生活必需品。

## 生命保障舱和通用对接舱

生命保障舱是俄罗斯为其航天员提供生命保障的舱段，具有支持4名航天员的生命保障能力。通用对接舱和美国的联合舱作用相当，共有6个对接口，用于连接俄罗斯各个舱段和接纳"联盟号"飞船及"进步号"货运飞船。同时，可以作为气闸舱使用，提供航天员进出舱通道。

"联盟号"飞船正在向国际空间站接近。

## 科学能源平台

科学能源平台是俄罗斯进行科学实验的舱外设备，它有6块太阳电池阵，能够为科学实验提供电能。平台的圆屋顶有8个舱窗提供航天员直接对外观察功能，用于监视机械臂操作、航天员太空行走和科学实验。

## 遥控机械臂

国际空间站上有两套遥控机械臂，它们被用于将航天员和部分装置向外移到太空中、协助航天员的舱外活动等工作。主要的机械臂称为"加拿大臂2号"，是在加拿大建成的。

# 空间科学

太空的失重环境为科学研究提供了一个特殊的环境。人类利用太空环境，研究重力对地球生命的多重作用，研究重力对动、植物细胞结构、功能、生长发育、繁殖和遗传变异的影响等。

## 体育运动实验

在太空的失重环境下，人体的肌肉和骨骼会变得非常脆弱。国际空间站上的航天员使用了多种方法来防止肌肉和骨骼的损伤，他们会使用健身器械、药品，甚至是轻微的电击。

有很多实验用来研究人类怎样适应这种微重力环境，例如美国国家航空航天局曾研发出先进的阻力运动装置，让宇航员在天空进行负载运动，可以减少长期太空飞行带来的不良症状。

一位航天员在功率自行车上锻炼，另一位航天员在用便携式计算机工作。

失重环境中每个人都是大力士。

宇航员每天锻炼预防失重"后遗症"。

## 植物种子实验

植物种子的变异筛选和新种的发现，是提高农作物产量的关键。将植物种子带到太空，进行植物从种子到种子的全生长过程实验，研究失重环境对植物基因的影响。经试验后带回地面，经过几代繁殖，寻找新的有益的变异类型，从而培

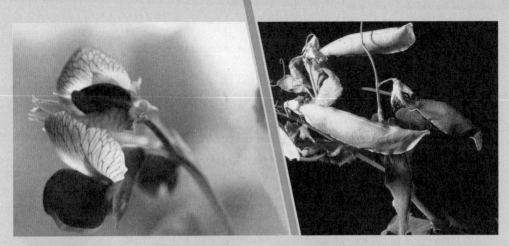

国际太空站服务舱上，俄罗斯进行的
植物生长试验中盛开的花朵。

在国际太空站俄罗斯温室内，
已经生长成熟的豌豆。

养粮食、蔬菜、果树和其他农作物新
品种。试验的植物有卷心菜、小萝
卜、西葫芦等。

这样的研究，一方面是希望通过
培育植物为航天员提供氧气和新鲜食
物，一方面对于地面上粮食作物的培
育也很重要，便于人类开发新品种。

宇航员在空间站里种植蔬菜水果。

## 动物实验

人们已经在太空中针对动物做过多种实验，包括蜘蛛、果蝇、鱼和鹌鹑
等。研究人员发现，细菌能够在微重力环境下，在动
物体内繁殖，有害细菌在失重环境下生
长得很旺盛，这对长期执行飞行任
务的航天员来说，存在较大的健康
威胁。

在KC-135飞机失重
飞行中研究青蛙在失
重环境下的行为。

# 未来的太空探索

迄今为止人类对一些行星的环境已有所了解，但是如何利用宇宙中的资源，始终都是科学家努力研究的问题。人类成功登陆月球后，开始筹划如何在月球上建立人类的居住点和进行工业生产，以节约有限的地球资源。除了月球，火星也是科学家未来几年主要的开发目标。

火星 ----

## 飞往火星

21世纪载人航天飞行的重要目标之一可能是载人火星飞行，我们以此来探索飞往太阳系其他行星需要具备的条件。火星飞行任务面临的挑战有：长达近3年的飞行时间，可靠性和安全性极高的航天器；需求自给自足，相当长时间的低重力（飞行中为0克，在火星表面上为0.38克）环境，危险的宇宙辐射，陨星碰撞的危险，在火星表面长时间生活和工作。

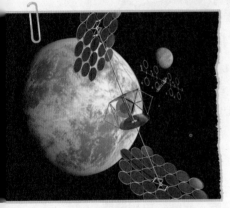

空间太阳能电站设想图

## 空间太阳能电站

空间太阳能电站是发射到空间中的利用太阳能发电的装置。电站由两块大矩形电池板组成光电池阵列，约有5千米宽，20千米长。太阳辐射能通过光电效应形成直流电，经过变换装置转化为微波，然后射向地面接收站。地面接收站就可以将微波束转换为电流。专家主张把接收站设在海上或沙漠中，以解决传输和装配时的困难。

## 太空工厂

太空城中的工业区除生产城内居民生活和太空城建设所需的产品外，主要任务是利用太空特殊的环境条件，生产地球上无法生产或生产成本很高、污染严重的产品，满足人们的需求。想象中的太空工厂是完全自动化的，平时无人值守，自动化生产。载人航天器定期携带航天员到太空工厂进行访问，运送原料、进行补给、回收产品并对太空工厂进行维护和维修。

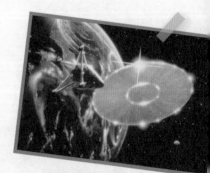

圆盘形太阳帆设想图

## 太阳帆

太阳帆不需要推进剂，其推进力来自太阳风和太阳光，是廉价的能源，但作用力很小。星际探测器太阳帆大约0.5千米宽，连续不断的阳光压力缓慢地加速航天器，能够达到的速度将比传统火箭的速度高5倍，航天器大约以每秒90千米的速度飞向恒星。

用于与哈雷彗星相会时进行实地探测的正方形太阳帆航天器设想图

## 伞状太空城

设想中的伞状太空城像一把张开的大伞，只是没有伞衣。一个个农业舱连成圆环，构成伞的边缘。伞柄是个巨大的圆筒，可居住100万人。圆筒以两分钟1转的速度旋转，产生人造重力。圆筒四周对称地设置4面玻璃窗，窗外装有盖板，盖板里面是一面镜子。利用盖板的张合，可以控制白天和黑夜的变换。太阳能发电站、太空工厂、航天码头都设在圆筒的一端，另一边则供太空城的居民们居住。

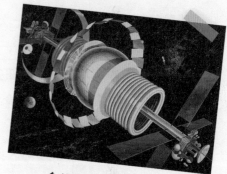

伞状太空城设想图

## 空天飞机

空天飞机是航空航天飞机的简称。它既可以在大气层内飞行，也能在太空中飞行。空天飞机的动力装置既不同于飞机发动机，也不同于火箭发动机，是一种混合配置的动力装置，起飞时也不使用火箭助推器。它由空气喷气发动机和火箭喷气发动机两大部分组成，空气喷气发动机在前，火箭喷气发动机置后，串联成一体，为空天飞机提供动力。空天飞机可以在一般的大型飞机场上起落。

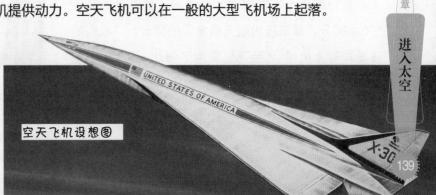

空天飞机设想图

# 航天中的意外事件

航天员在上升段和返回段飞行中，往往会出现一些意想不到的意外事件，一些航天员会因意外而献出自己宝贵的生命，而有些意外却因航天员或救援人员的努力而化险为夷。虽然探索太空充满了危险，但人类并没有因为有牺牲而停止迈向太空的步伐。

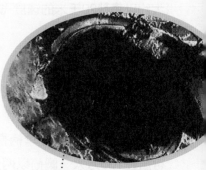

## 降落伞未展开

1967年4月24日，苏联新型"联盟1号"载人飞船载着1名航天员，执行第一次与"礼炮1号"太空站对接任务。飞船进入轨道后，即出现一系列故障。地面控制中心决定中止飞行任务，飞船紧急返回。返回途中飞至约7千米高度开伞时，由于飞船姿态失稳，致使降落伞绳缠绕在一起，未能打开主降落伞，最后返回舱坠落在乌拉尔地区奥尔斯克以东65千米处，航天员壮烈牺牲。

"联盟1号"飞船返回舱坠地后着火燃烧的残骸。

## 飞船座舱着火

1967年1月27日，"土星5号"运载火箭和"阿波罗号"试验飞船在肯尼迪航天中心的34号发射台上，进行最后一次发射倒计时演习。试验进行至下午6点30分，传来舱内航天员急促的声音："我们的座舱内有大火！"之后飞船发生了爆炸。最后，3名航天员全部因窒息而遇难。

遭受火灾烧毁后的"阿波罗号"试验飞船指令舱外表面。

## 座舱失压

1971年6月29日，在"礼炮1号"太空站工作了22天的航天员乘坐"联盟11号"飞船返回地面时，返回舱上的平衡阀门意外开启，致使返回舱内气体很快通过阀门释放到太空中，致使3名航天员因急性缺氧、体液沸腾而全部遇难。

"联盟11号"飞船返回舱着陆后，营救人员对航天员进行抢救。

## "哥伦比亚号"航天飞机解体

2003年2月1日，"哥伦比亚号"航天飞机结束飞行任务开始返回地面，在进入大气层后，遥测数据表明，轨道器左翼内的温度在逐渐异常升高，一些温度传感器相继因过高的温度而失效。异常高温使左翼结构材料失去了原有的性能，左翼破损，进而导致整个轨道器迅速解体，7名航天员全部遇难。

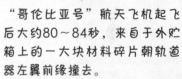

"哥伦比亚号"航天飞机起飞后大约80～84秒，来自于外贮箱上的一大块材料碎片朝轨道器左翼前缘撞去。

## 空中逃逸

1975年4月5日，苏联发射载有两名航天员的"联盟18A"飞船，准备与"礼炮4号"太空站对接。后因火箭制导系统发生故障地面控制中心发出逃逸指令，飞船在逃逸发动机强大推力作用下迅速脱离故障火箭，之后，返回舱在西伯利亚西部的阿尔泰斯克附近山区着陆，航天员安然无恙，被营救人员安全救回。这是载人航天以来，第一次逃逸救生。

"联盟号"运载火箭装载着"联盟号"飞船正在起飞。

第六章

进入太空

# 太空小历史

项目统筹：冷寒风

版式统筹：田新培

手绘插图：showlin

图片提供：北京全景视觉网络科技股份有限公司

视觉（中国）文化发展股份有限公司

北京站酷网络科技有限公司

锐景创意

达志影像